昆虫记

〔法〕亨利·法布尔 著　杨敏　尹丹 译

U0225725

中国妇女出版社

图书在版编目（CIP）数据

昆虫记 /（法）法布尔著；杨敏，尹丹译. —北京：中国妇女出版社，2014.7

（男孩心灵成长经典伴读）

ISBN 978-7-5127-0882-2

Ⅰ.①昆…　Ⅱ.①法…②杨…③尹…　Ⅲ.①昆虫学—普及读物　Ⅳ.①Q96-49

中国版本图书馆CIP数据核字（2014）第107571号

昆虫记

作　　者：〔法〕亨利·法布尔 著　杨敏　尹丹 译
责任编辑：王海峰
封面设计：尚世视觉
责任印制：王卫东
出版发行：中国妇女出版社
地　　址：北京东城区史家胡同甲24号　　邮政编码：100010
电　　话：（010）65133160（发行部）　65133161（邮购）
网　　址：www.womenbooks.com.cn
经　　销：各地新华书店
印　　刷：北京通州皇家印刷厂
开　　本：150×215　1/32
印　　张：8.25
字　　数：160千字
版　　次：2014年7月第1版
印　　次：2016年2月第2次
书　　号：ISBN 978-7-5127-0882-2
定　　价：28.00元

目录

CONTENTS

我的荒石园

我们每个人都有自己的长处和短处，我们每个人也都有自己的性格特点。很多人说，这些长处、短处以及性格特点都是我们从祖先那里遗传下来的。

果真如此吗？然而，当我们真正去追究这究竟源于何处的时候，我们不免陷于被动，因为这是一件无比困难的事情。

例如，有一天，我遇见了一个牧童。当时，他正坐在草地上数着一堆石头子儿，这是他的消遣。我就想，他长大以后或许可以成为一名教授，抑或是数学家。

再比如，我认识一个孩子，他从来不喜欢和别的孩子一起到处疯玩儿，他整日宅在家里幻想一种能发出美妙声音的乐器。于是，终于有一天，当他独处的时候，他竟然神奇地听到了一首神秘的合奏曲。不用说，我们都会认为这个孩子很有音乐天赋。

还有，有个长得又瘦又小的男孩。他还很小，吃面包和果酱的时候，一不小心就会把果酱涂到脸上。然而他也有独特的爱好——泥塑，他喜欢用泥土制作各种各样的小雕塑。他的作品真是惟妙惟肖，令人惊叹。不出意外，这个孩子终有一天会成为举世闻名的雕塑家。

我这是令人讨厌的行为吗？多少有点吧！毕竟是在背后议论别人的事情。但我还是希望大家不要打断我，我也借此机会来向大家介绍一下我的研究。

可以说，从我很小的时候起，我就对自然界的各种植物和昆虫产生了浓厚的兴趣。我的这种天赋也是从我的祖先那里遗传下来的吗？就此打住吧！我的祖先都是没有受过教育的乡下佬。他们对我着迷的这些东西毫无兴趣，且一无所知。如果说他们有关心的事情，那就是他们养的牛和羊。

当然，我从小也没有受过与昆虫和植物学相关的任何教育。但是我不知从什么时候起就有一个目标，我一定要在昆虫研究史上留下自己的见解。

我仍然对我每一个第一次真正接触大自然的情形记忆犹新。那时的我还是一个傻小子。第一次去寻找鸟巢，第一次去山上采集野生菌类……当时的任何事情都令我异常兴奋。

我很清楚地记得，有一天我到离家不远的一座山上玩耍，这可是我好久以来梦寐以求的事情。或许是我的腿太短了，或许是山坡过于陡峭，我的爬行十分缓慢。记得我爬了好久，还是没有爬到山顶。

然而就在我累得快要趴下的时候，在我的脚边出现了一只小鸟。我当时猜想，这只可爱的小鸟一定是从哪里的大石头后面的巢穴里飞出来的。于是我到处寻找它的巢。

果然，经过一番努力，我找到了它的巢。这是一个我从来没有见过的精美的鸟巢，它用干草和羽毛做成。更让我兴奋的是，巢穴里有六个蛋。这些蛋居然是蓝色的——那是一种光鲜亮丽的蓝色。

那可是我有生以来第一次找到一个鸟巢。我兴奋极了。跪在它周围，观察了好久好久。

我跪在鸟巢旁边观察它的时候，那只母鸟在我头上飞来飞去，非常焦急，好像它的孩子马上就要遭遇什么不测似的。现在回想起来，我当时根本没有理解那只母鸟的焦急心情，因为我当时就决定要带一只蓝色的鸟蛋回家——留作纪念。

不仅如此，我还做好了另外的计划，两周之后回到这里来，把刚孵出的小鸟带走。我对自己如此完美的计划非常满意，兴奋得拿起一只鸟蛋回家了。

在回家的路上，我遇到了一位牧师。他一看到我手里蓝色的鸟蛋就立刻睁大眼睛问我："你这只鸟蛋是从哪里来的？多么完美的一只萨克锡柯拉的蛋啊！"

我把我的传奇经历讲给他听。当然，我也没有忘记向他炫耀我那完美的计划。

"孩子，你千万不能那样做！"牧师貌似很生气的样子，"你如果想要做一个好孩子，就放弃你这个罪恶的计划吧！一个好孩子不可以残忍到去抢可怜的幼鸟做自己的玩物。"

我当时愣了一下，忽然明白了一些什么道理。之后的很长时间，我一直在回想牧师和我讲的话。从牧师的话中我明白了两个道理：其一，掏鸟蛋是残忍的事情；其二，鸟和我们人类一样，它们也有自己的名字。这件事情在我小小的心灵里留下了浓墨重彩的一笔。

在我成长的那段岁月里，我不止一次地问过自己这样的问题："草原上、森林里的那些虫虫蚁蚁以及各种大型动物都是我们人类的朋友，每一个都有它们自己的名字，那么它们都叫什么名字呢？萨克锡柯拉又是什么意思？"

多年之后，我知道了"萨克锡柯拉"的意思是"岩石中的居住者"。我当时遇到的那种鸟儿叫作石鸟。

这件事情一直影响着我去探究自然界的万事万物。

现在说说我小时候生活的那个村庄吧。在那个村庄的边上，有一条终年川流不息的小河，河的对岸有一处美丽的森林。森林里长满了各种植物，有笔直的参天大树，有匍匐着的各种荆棘植物，地上铺满了青苔。

我清楚地记得，我的第一只野山菌就是在这个森林里采集到的。那天，我来到森林里，远远地看到远处好像有一只母鸡生在青苔上的蛋。我连忙赶过去看，结果发现是一只野生的菌子。当然，更让我吃惊的是，在它的周围还散落着各种不同形状的野菌。它们有的长得像小铃铛，有的长得像小灯泡儿，有的看上去像一只茶杯，等等。其中最神奇的一个长得像一只梨，它的顶上还有一个圆孔。我清楚地记得，我用手指朝那个圆孔轻轻一戳，里面居然喷出来一股烟。

那一天，我收获甚大，我收集了满满一袋子的野菌。那以后，我又好多次回到那里，去研究那些野菌，得到了很多从课本上根本学不到的知识。

从那以后，我开始了这种一边观察自然一边做实验的学习。可以毫不夸张地说，我从别人那里只学过两门功课，一种是解剖学，一种是化学。其余的功课都是我自己在大自然中学到的。

解剖学的功课，是我从造诣很深的自然科学家摩根·斯东那里学来的。正是他教会了我如何在盛水的盆中看蜗牛的内部结构。你可能认为这甚至不能称为一门功课，但是我从中学到的东西使我受益终身。

相较而言，我初次上化学课的时候，运气真是差到了极点。那次，我和同学正在做实验，结果玻璃瓶爆炸了。很多同学受了重伤。有一个同学的眼睛差点儿被弄瞎。我们老师的衣服烧得破败不堪。教室的墙上满是污点。

多年之后，当我以教师的身份重回这所学校的时候，那间教室墙上因为那次爆炸而留下的污点依然令人心惊。不过，尽管那是一次不幸的实验，仍然教会了我很多事情。之后，当我带着我的学生做实验时，我会让他们离得远远的。

多年以来，我一直有一个愿望，那就是在野外建立一个实验室。详细一点儿讲，我的愿望或许是这样的：有一块完全属于我的私人土地，它整日被太阳暴晒，长满任何草原上都应该有的植物，这正是各种昆虫所喜好的环境啊！更重要的是，在这里我可以想做什么就做什么，没有任何约束。即使我在整天为面包而发愁的那些悲惨岁月里，这个愿望也不曾忘记。这个愿望一直持续了四十多年。

当然，我是幸运的，因为我的愿望虽然持续了四十多年，但最终还是实现了。

我终于有了这样一块土地，虽然只是一块荒废的土地——但这正是我所期待的，里面有很多石子儿，零零落落地散落着一些掺着石子儿的红土。人们告诉我，这里原来长过葡萄树。然而现在这里什么都没有。

无奈之下，我只得种了一些百里香。百里香对我也许有用，因为可以用来做黄蜂和蜜蜂的猎场。

慢慢地，这里长出了各种植物，有偃卧草、刺桐花、长满了橙黄色花朵的植物以及有硬爪般的花序植物。高过它们的是一层层伊利里亚的棉蓟。这是一种很少见的植物，它那笔直的树干有时会长到六尺高！当然，它吸引人的地方并不是它的身高，而是它长在末梢部分大大的粉红色的球——一种带有小刺的球。这真是它最好的抵御外来侵略的装备，因为有时候我想采集几个这样的小球把玩一下，却根本不知道从何处下手。

不得不提的还有穗形的矢车菊，它长有长长的一排钩子，爬得满地都是。如果你没有穿上有防备性质的高筒皮靴出现在园子里，那你一定会为自己的粗心大意而后悔不迭。

刚刚拥有这个园子的时候，我很多夜晚会从梦中笑着醒过来！真的不可思议，我终于有了属于自己的乐园！我等了四十多年，终于等到了我的梦中乐园。

如我所料，这里是各种蜜蜂、马蜂、黄蜂等小家伙最喜欢光顾的场所。慢慢地，这里的昆虫越来越多。这里越荒废，聚集的昆虫就会越多。我后来把它称为"荒石园"。说实话，我之前从未在一个地方见过如此多的昆虫，并且是各种各样，应有尽有。

有会缝纫的蜜蜂。看它在干什么呢！它小心翼翼地剥下开有黄花的刺桐的网状线，从里面采集到自己想要的猎物后，大摇大摆地离开了。后来我知道，它是准备用采来的这团宝贝储存蜂蜜和自己的卵。

有会切割的切叶蜂。看！它们的身体下面，那黑色的、白色的或者红色的用来切割用的毛刷真是锋利无比，它们能把树叶切割成圆形的小盘子，以包裹它们的战利品。

有会做建筑工作的泥水匠蜂，它们是做水泥与沙石工作的。它们穿着黑丝绒一样的外套，远看上去和建筑工地上的泥瓦匠一样神气十足!

有各种不知名的野蜂，例如能把巢藏在空蜗牛壳盘梯里的不知名的野蜂；能把它的幼虫安置在干燥的挂衣服杆子的木髓里的野蜂；能利用干芦苇的中空部分做巢的野蜂；住在泥水匠蜂的空隧道中而不用付租金的野蜂。

还有长着角的蜜蜂……真是应有尽有!

后来，我的荒石园的外墙修好以后，建筑工人留在地上很多成堆成堆的石子和细沙。这些小家伙这下可有藏身之处了。这成堆成堆的石子和细沙很快就被从四面八方聚集来的各种昆虫霸占了。

泥水匠蜂藏在石头的缝隙里睡觉。偶有凶悍的蜥蜴侵犯它们，它们就会把怒气发泄到周围的人和狗身上。

凶残的蜥蜴赶走了泥水匠蜂以后，挑选了最舒服的洞穴隐藏自己，等在那里伏击路过的蟋蟀。

黑耳毛的鹟鸟，穿着白黑相间的衣裳，看上去好像是黑衣僧，坐在石头顶上唱简单的歌曲。

我有时候会想，那些有着天蓝色鸟蛋的鸟儿会在这里安家吗？我多么期待在这里能与它们相遇。

当然，那些石子和细沙偶尔也会有被人移动的时候。每每这时，就会从中间惊慌失措地跑出来许多各种各样的黑色小不点儿。很多时候，对于这样打扰它们的行为，我觉得甚是内疚。要知道，在我的眼里，他们可是我最好的邻居。

至于那些凶残丑陋的蜥蜴，我从来不觉得它们的离开会让我有些许损失。

当然没有让我失望的是，在这些沙土堆里，我还难得地发现了一些掘地蜂和猎蜂。它们每天都忙碌着到处捕猎毛毛虫。

最让我吃惊的是，里面还生活着一种胆大包天的黄蜂，它们居然敢打毒蜘蛛的主意。

当然，这里也少不了蚂蚁家族。其中不乏各种勇猛强悍的蚂蚁族群，它们经常排着长长的队伍，向战场出发，去猎取那些看似强大的俘虏。

除了这些昆虫，在我的荒石园还生活着各种鸟儿，有会唱歌的黄鹂，有美丽的绿莺，有整天叽叽喳喳叫个不停的麻雀，有捕鼠技能非常高超的猫头鹰，等等。

在小树林旁边的池塘里也生活着各种小可爱。最大牌的是青蛙，每到夏天的时候，它们就会组成震耳欲聋的乐队。

我大概观察了一下，如果要给这个园子找个土皇帝的话，那非黄蜂莫属。它甚至不经过我的允许就霸占了我的屋子。

当然，那种有着独特身形的白腰蜂也丝毫不落下风，它就驻扎在我屋子的门口，根本没把我放在眼里。我每次进出屋子，都要十分小心，否则的话就很容易伤到它们。

如此许多，实在列举不完。这就是我最好的邻居。我把它们看成我最好的小伙伴。它们每天和我生活在一起。不是辛勤打猎，就是奋力筑窝。比起我们人类，它们每天的生活也轻松不到哪儿去！要知道，它们也有一大家子要养活呢！

昆虫小档案

神奇的昆虫

昆虫是地球上数量最多的动物群体，它们的踪迹几乎遍布世界的每一个角落。目前，人类已知的昆虫约有一百万种，但仍有许多种类尚待发现。昆虫种类繁多、形态各异。在科学分类上，昆虫被列入节肢动物门，它们具有节肢动物的共同特征。

昆虫在生物圈中扮演着很重要的角色。虫媒花需要得到昆虫的帮助，才能传播花粉。而蜜蜂采集的蜂蜜，也是人们喜欢的食物之一。在东南亚和南美的一些地方，昆虫本身就是当地人的食品。

但昆虫也可能对人类产生威胁，如蝗虫和白蚁。有一些昆虫，例如蚊子，是疾病的传播者。还有一些昆虫能够借由毒液或是叮咬对人类造成伤害。

灵巧的石蚕

　　我在我的玻璃池塘里放了些小小的水生动物。它们叫作石蚕。实际上，它们还只是石蚕蛾的幼虫。在没有蜕变之前，它们就躲在那些小巧的用枯树枝做成的小鞘中。

　　石蚕一般都生活在沼泽或者湿地上的芦苇丛里。它的一生基本上都是附着在芦苇的断枝上随波逐流。那些用枯树枝做成的小鞘就是它们的住所——随时都在移动的住所，很像是它们外出旅行时随身携带的简易房子。

　　可别小看这简易的房子！细看一下你就会发现，那简直就是一件精巧的艺术品。这件艺术品的原材料是被水浸透后剥蚀、脱落下来的枯树枝的根皮组织。

　　那么，石蚕是如何用这些原材料来筑自己的巢的呢？石蚕先用自己的牙齿把这些根皮组织撕成或粗或细的条状纤维，然后它把这些粗粗细细的条状纤维巧妙地编织成一个适合自己身材的大小适中的小鞘。这样，它的房子就完工了。

当然，植物的根皮组织并不是它们唯一的建筑材料。很多时候，有条件的石蚕也会利用容易藏身的贝壳来为自己建造一所房子。更神奇的是，有的石蚕甚至可以用米粒儿为自己建造一座豪华的住宅。

石蚕之所以如此认真地为自己修建房子，那是因为这些住所不仅能够让它们藏身，更是它们防御外来侵略的工具。

不信？那我用我亲眼所见告诉你这是怎么一回事。我曾经在我的玻璃池塘里看到过这样有趣的一幕。

我的玻璃池塘里本来就有很多水甲虫。它们奇怪的游泳姿势一度引起我极大的兴趣。因此，看它们游泳曾经是我最大的乐趣。那天我把石蚕放到玻璃池塘的时候，水甲虫见来了新伙伴，于是很快游到水面上，以迅雷不及掩耳之势抓住了藏有石蚕的小鞘。

小鞘里面的石蚕明显感觉受到了攻击。它们也明白，侵略者来势汹汹，自己根本不是对手。怎么办呢？石蚕很快就有了办法。只见它们不慌不忙地从小鞘里溜出来，在很短的时间内就消失得无影无踪了，只留下野蛮凶残的入侵者还在继续撕咬着小鞘。然而，任凭它们付出多少努力，也始终一无所获！一直到最后，水甲虫才发现自己上了石蚕的当！无奈之下，水甲虫只得灰溜溜地把小鞘丢到一边，到别处觅食去了。

真是神奇的一幕！

那么，那些逃脱的石蚕这时候去哪里了呢？它们可真够聪明的，早已经悄无声息地躲到石头底下为自己建造新房子去了。

现在，我们再看看石蚕是如何在水中生存的！它们实际上是依靠自己的小鞘来生活的。那些精巧的小鞘就像一个个小小的潜水艇一样，忽而上升，忽而下降，忽而又停在水中央……看看这些小家伙多么逍遥自在啊！更神奇的是，石蚕还可以轻松自如地掌控潜水艇的方向，想到哪里就到哪里！够神奇吧！

看着石蚕依赖的这些小鞘，我不由得想到了我们人类使用的木筏。这些小家伙之所以能浮在水面上，难道是因为它们有木筏那样的结构？或者说，它们是有类似于浮囊作用的装备，才使它们不至于下沉到水底？

我想一探究竟。于是，我将石蚕和小鞘剥开，把它们分别放在水面上。奇怪的事情发生了，石蚕和小鞘都开始往水下沉。我有点弄不懂了！这是为什么呢？

经过多次实验和认真的观察，我终于发现了其中的奥秘。

原来，当石蚕想到水底下休息的时候，它就会把整个身体都藏在小鞘内；这时候，小鞘就会很快沉到水底。当它想浮到水面上的时候，它会先把小鞘拖到芦苇的断枝上，然后把自己的身体伸出鞘外；这时候，小鞘里面就有了很大的空间，就能自然地浮到水面上了。

形象一点儿地讲，这个小鞘就好像装了一个活塞，向外拉时就跟针筒里空气柱的道理一样。这一段装着空气的鞘就像轮船上的救生圈一样，靠着里面的浮力，使石蚕不至于下沉。现在我终于弄明白了其中的奥秘。石蚕没有必要牢牢地黏附在芦苇枝或水草上。只要它想，它尽可以浮到水面上享受阳光，也可以在水底尽情遨游。

话又说回来，多亏了这个小鞘，石蚕才能在水里自由生活。实际上，石蚕的水性并不好，可以说根本不擅长游泳。即使有小鞘的帮助，它在水里转身或者拐弯的时候，那动作别说有多别扭了。究其原因，可能是因为它只能靠着那伸在鞘外的一段身体作舵桨。在没有别的辅助工具的情况下，它在水里能应付自如成这个样子已经相当不错了！

大自然真是神奇啊！虽然这些小小的石蚕并不懂博大精深的物理学，但是它们同样能很好地利用这些物理原理，把自己的住所建造得如此完美。

昆虫小档案

石蚕

　　石蚕为石蚕科昆虫石蛾或其近缘昆虫的幼虫。幼虫很像蚕，有胸足三对，腹部有原足一对，并有腮；成虫多出现于水边的草木上。它的卵产于水边的石上或草根上，幼虫孵化后进入水中生活，并用丝腺的分泌物缀合叶片、木片、砂石等织就各种管状的小鞘而藏身其中。它主要以水草或小虫为食。

石蚕的成虫就是石蛾，体形如蛾，黄褐色，长约两厘米，展翅阔六厘米。

石蛾头部呈卵形，黄色，头顶密布着黄色及白色刚毛；有复眼一对，单眼三个；口器退化，小颚与下唇形成短吻管，适于啜吸；触角一对，基节及末端均为黄色，其中央则呈黑褐色。

石蛾前胸短小，前胸背同样密布着黄色及白色刚毛；中胸背大，两侧各有黑褐纹；翅两对，密生短毛，不透明，后翅大于前翅。前翅的前缘是黄褐色，散布有细细的褐纹，中央有黑色大纵条，内缘及后缘皆为灰褐色，有褐色棱纹杂生其间；后翅深黄色，外缘暗黑色。

石蛾共有足三对，黄色，腿节及跗节的大部为黑褐色。尾端有突出的长刺两根。

蜣螂的球

早在六七千年前，蜣螂这种陌生而奇怪的生物就出现在了人们的视野中。

春天来了，乍暖还寒，忙碌的人们开始走向田野，播种希望。数千年前的古代埃及农民也都忙着在这个万物复苏的季节灌溉农田。每每这时，他们总能看见一种肥头肥脑、浑身黝黑、带有金属光泽的昆虫从身边经过，它边走边急匆匆地向前滚动着一个圆球状的物体。

这个奇怪的东西究竟是什么呢？人们纷纷谈论着，惊诧程度不亚于今日普罗旺斯的农民。

古代的埃及人想象力非常丰富，就是这样一个圆球和蜣螂向前滚动的动作也会让他们联想到地球以及天上星球的运转。圆球类似于地球的模型，它的运行轨迹则几乎与天上星球的运转如出一辙。就这样，古埃及人把这种甲虫幻想成了天文学大师，并赐予其"神圣甲虫"的称号。

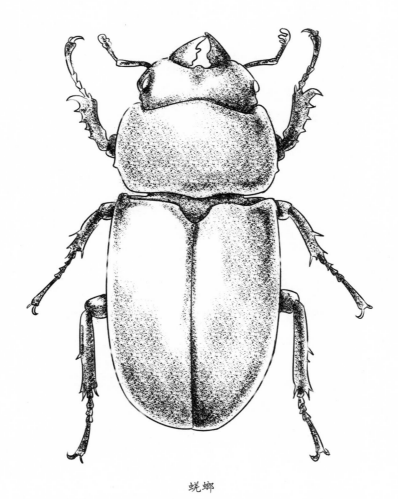

蜣螂

与此同时，他们又很客观地认为，蜣螂推动着向前滚动的球里面，其实装了它自己的卵，小甲虫就是从这个球里面孵化出来的。但事实上，球里面并没有卵，这个球体仅仅是小甲虫的食物储藏室而已。

另外，这圆球也算不上什么美味可口的食物。甲虫的工作是循环往复地收集垃圾和各种污物，而这个圆球就是它的劳动成果——用大自然中的垃圾慢慢搓卷而成。

要想完成这个任务，需要调动蜣螂全身的器官。我们先看一下它的六只排列成半圆形的牙齿，这六只牙齿像半弯的钉耙一般立在蜣螂扁平的头前，它们是专门用来掘割东西的——丢弃不要的垃圾、收集选好的食物。而要搬运食物或者障碍物，就得用到前面的两条弓形长腿了。它的前腿不仅非常坚固，外端还长有五颗尖锐的锯齿。一旦需要搬动某些体积巨大的障碍物，蜣螂就会使尽全力，左右转动它带齿的两条前腿。它会先扫出一块小小的地方，在这儿把所有耙来的材料堆在一起。

一切准备就绪后，蜣螂会把这些材料放到四支后爪间，向前推动。它的后腿长而细，尤其是最后那一对，弯曲的腿末端还长有尖尖的爪子。蜣螂就是用这对后腿把所有材料压住，不停搓动旋转，直到这些材料变成一个圆球。

一会儿工夫，小球就膨胀到了胡桃那么大。蜣螂并不满足，所以又过了一会儿胡桃就变成了苹果。当然，如果它再贪心一点儿，它还能把圆球变得更大。

食物终于做好了，但这只成功了一半，蜣螂还要煞费苦心地把它运送到适当的地方去。于是，一场说走就走的旅行开始了。

你瞧，它晃动着身躯，低下头，臀部向后撅着，后腿紧紧抓住圆球，利用前腿向后退着行走。后面所有堆着的东西就是这样被它轮流向左右推动着前进。倒退着推动圆球已然很艰难，我想当然地以为它为了到达目的地，接下来必会选择一条平坦顺畅的路。

但事实上，它比我想象得要固执！明知山有虎，偏向虎山行！险峻陡峭的斜坡才能激发它的斗志。那些它辛辛苦苦搓卷而成的球非常大、非常重，每一步推进都异常艰苦，需要万分留心，稍有不慎，所有的劳动就全白费了。它所选择的总是那种险峻陡峭的路。一根草就能让它摔跟头，一块滑石就能让它前功尽弃！一旦球失去控制，蜣螂自己也会被拖累——摔得很惨，但它总是一而再再而三地爬起来继续前行。经过千辛万苦，它才能抵达成功的终点。

残酷的是，并非每次努力都有回报，如果不幸走入了绝望的死胡同，那么蜣螂就只能从头再来，另寻他路。

虽说蜣螂是一种固执的甲虫，但它也是很善于"合作"的。通常，一个蜣螂制作好球后，就会离开同类，倒退着推动自己的劳动成果向目的地进发。往往这时候，总会有一些"热心"的邻居，突然跑过来助主人一臂之力，甚至抛下自己手头的工作。这种助人为乐之举似乎非常值得称赞，但它们可不是愿意无私付出的善良小伙伴，它们真正的目的是抢夺现成的果实。

原因不难理解，制作一个圆球需要多层工序，种种辛苦忍耐自不在话下，而去邻居家蹭饭甚至窃取现成食物就容易得多了。为此，很多贼兮兮的甲虫会在一旁捣鼓各种手段，有的甚至不惜动用武力。

偷袭就是一个屡试不爽的好方法。盗贼往往会趁主人不备，猛地从空中飞下来将主人击倒在地，然后再稳稳地蹲在球上，把前腿缩到胸口，摆好架势，准备大战一场。如果主人咽不下这口气，起来抢球，那强盗就会顺势给它一拳。一般来讲，球主人也不是好欺负的，一看形势不对，它就会迅速爬起来，用力摇晃球，一直到把强盗给摇下来才罢休。

这样，双方都到了地面上，势均力敌，接着就是一场厮杀惨烈的角力比赛了。只见两只甲虫开始发动全身关节，彼此撕扯着，几条腿绞缠在一起，角质的甲壳互相冲撞着，不时发出类似金属摩擦的刺耳声音。

几番打斗下来，胜利的一方会爬到球顶上耀武扬威，失败的甲虫则会遭到驱逐——悻悻然地跑回自个儿的领地重新来过。

不过，也有"鹬蚌相争，渔翁得利"的情况发生。有好几次，我看到当两只甲虫在厮打的时候，另一只甲虫乘虚而入，把球抢走。

除了上述所说的动用武力，有些甲虫也会选择常规的行骗手段达到目的。相比于武力，行骗唯一的缺点就是可能会花费更多时间。为了先博得主人的好感，那些骗子往往会虚与委蛇，假装帮助主人搬运食物，特别是在路径险峻、陡峭、有着深深的车轮印的地方。

但那些小骗子也不会真的出多大力气，大部分时间都是坐在球顶上磨洋工。一遇到适合收藏的地点，当主人聚精会神地刨沙土、开掘土穴的时候，这些小骗子就原形毕露了，开始抱住那个球装死，以迷惑正在工作的甲虫，让它对自己放心。

慢慢地，土穴越掘越深，主人的身影越来越小，待在球顶的甲虫这时就会伺机把球推走。一旦被发现，甚至被工作中的主人给追上了，那些骗子会马上变换自己的姿势，装成无辜的模样——看上去是球自己向斜坡滚下去的，它只不过是想把它推回来而已！于是，两个甲虫会齐心协力将球搬回，好像什么都没有发生过。

盗贼如果逃走了，主人就只能自认倒霉，后悔识人不清了。不过，它的心态倒是极好的，丝毫没有沮丧的神情，重新飞走另起炉灶去了。这种百折不挠、坚忍不拔的品质真令人羡慕，可敬可佩。

不过对于绝大多数蜣螂来讲，它们都能在经历千辛万苦之后，把食品储藏好。储藏室往往都是精心设计而成的。蜣螂一找到合适的软土或沙土，就开始奋力挖掘，一直挖到如拳头般大小。

连接土穴和地面的是一条短道，其宽度正好可容圆球通过。等把食品安置好，它们就会用废物把出口紧紧塞住。每次要享受盛宴时，它们就从食物与墙壁之间的窄道进去，在里面待上一两个星期，昼夜宴饮，好不畅快。

蜣螂

蜣螂属昆虫纲、鞘翅目，体黑色或黑褐色；体表有坚硬的外骨骼；复眼发达；咀嚼式口器；触角鳃叶状；有三对足，足适于开掘；有两对翅，前翅角质化。蜣螂能利用月光偏振现象进行定位，以帮助取食。

世界上约有两千三百种蜣螂，分布在南极洲以外的任何一块大陆。最著名的蜣螂生活在埃及。世界上最大的蜣螂是十厘米长的巨蜣螂。大多数蜣螂以动物粪便为食，有"自然界清道夫"的称号。

蜣螂的卵和孵化

古代埃及人始终以为，蜣螂辛苦制成的球里面装着的是它自己的卵，但其实并非如此。至于我是如何发现这其中的奥秘的，可以说完全是个巧合。

有一个牧羊人的小孩对我的工作很感兴趣，一有空就跑来帮我。有一年六月的一个星期天，他突然兴冲冲地跑了进来，边跑边用力挥舞着双手。

走近一看，我发现他手里攥着一个奇怪的东西，乍看起来很像一只因腐朽而变色的梨。我好奇地摸了摸，硬邦邦的非常坚固。它虽然看起来有点粗糙，原料也没怎么精挑细选，但样子还是不错的。

"这里面一定有卵，"他肯定地说道，"我在掘地时不小心弄碎了另外一个'梨'，发现里面藏着一个白色的卵，像粒麦子一样大，所以这里面也应该有。"

我将信将疑。为了印证他的判断，第二天天刚蒙蒙亮，我们两个就出发前去考察了。

通常来讲，甲虫挖好穴后，上面总会堆放很多新鲜的泥土。循着这个规律，我们很容易就找到了一个甲虫的地穴。那孩子很是兴奋，拿起小刀铲拼命地挖起来，我则不动声色地蹲在一旁，静静观察着正在发生的一切。

伴随着铲子的声音，一个洞穴慢慢出现在眼前，潮湿的泥土里躺着一个做工相当精致的"梨"。我永远不会忘记这一刻，我人生中第一次看见一个母甲虫正在热火朝天地工作，真是太不可思议了！我觉得，即使是挖掘古代埃及遗物，即使是发现了用翡翠雕刻的甲虫，我也不见得会比这更兴奋。

紧接着，第二个土穴出现了。一个满怀母爱的母甲虫正紧紧地依偎在梨旁边。毋庸置疑，这就是蜣螂的卵了。我们继续挖掘搜寻着。仅仅一个夏季，我们就至少发现了一百个类似的卵。

这些球样形状的"梨"，大多用人们丢弃了的废物制成。为了给幼虫预备好充足的食物，这些"梨"做得都相当精细。幼虫刚从卵里跑出来，没办法自力更生。不过没关系，它的母亲早就做好了万全的准备，亲自打造了一个食物小屋，让它一出来就可以大吃大喝，无后顾之忧。

所有生命，要生长就需要适宜的温度，一定的水分，还有充足的空气。卵也不例外，为了保证空气流通，帮助小幼虫顺利长大，蜣螂通常都把卵放在"梨"较为狭窄的一端，而不是放在包有硬壳、黏得很紧的另一端。

在小幼虫生命萌动之初，它就拥有一间精致透气的小房间，薄薄的墙壁也更有利于空气流通。当空气被小幼虫消耗得差不多的时候，它已经足够强壮，自己就能爬到"梨"的中央去吃东西，还可以自由支配空气。

既然空气对小幼虫这么重要，那为什么不干脆去掉"梨子"后端的硬壳呢？蜣螂当然不笨，所以这个硬壳也肯定有它存在的必要。蜣螂挖的地穴温度很高，有时甚至能达到沸点。在这种环境下，它辛辛苦苦弄来的食物不出几个星期就会变得非常干燥，到最后自然是不能食用的。没了柔软的食物，可怜的幼虫就只能活活饿死。

我曾在八月，见证了很多这样的牺牲者。为了保护子女，为了最大限度地降低这种危险，母甲虫会用尽全力压"梨"的外层，将其压成栗子一样的硬壳。在炎热的暑天，管家婆都会把面包摆在闭紧的锅里以保持新鲜。昆虫们也以此为榜样，通过挤压梨的外层来保存自己的食物。

在做"梨"方面，蜣螂称得上是一名艺术家。我曾全程观察过一只蜣螂在巢穴里的工作。为了专心致志地完成任务，它在收集好建筑用的材料后，就默默地把自己关到了地底下。

在天然的环境下，蜣螂会用常规的方法将材料搓成一个球，然后一步一推到适合的地点。如果运气足够好，它可以在离收集材料很近的地方就找到储藏场所，把材料打包运进洞就行了，工作再简单不过。可是它后来的行为，却让我惊诧不已。

一天，我突然看见它把一块不成形的材料隐藏到了地穴中。隔天再过去时，我发现这位兢兢业业的艺术家已经把那块材料变成了一个外形精致的"梨"。"梨"紧贴着地板的那端，细沙覆在其上，其余部分也打磨得如玻璃一般光滑。

为了细致观察蜣螂工作的各项程序，我在工作室里为母虫做了一个简易的人工地穴，把泥土装在一个大口的玻璃瓶里。为了便于观察，我提前留了一个小孔。

首先，甲虫做了一个外形完整的球，接着开始深加工。它的创意构思颇为巧妙，为了最后挖出一个用来产卵的空间，它环绕梨一周做出了一道圆环，紧接着用它的长腿使劲往下压，压到变成一条深沟。于是，球的一端有了一个凸起，类似于瓶颈的一端。

接下来，它在凸起的中央继续施加压力，直至凸起变成一个火山口似的凹穴。随着凹穴越来越深，原本很厚的边缘也渐渐变薄，到最后就成了一个口袋。甲虫就是在这样的口袋里面产卵的。为了让口袋更舒适，它会仔细地把袋的里层磨光。产完卵后，它会拖来一束纤维，把袋口小心塞住。

甲虫的心思的确非常缜密，它会未雨绸缪，把所有的危险因素减到最低。就拿塞袋口的纤维来说吧，它之所以特意找这种很粗糙的塞子，就是因为别的部分甲虫都用腿重重拍过，而这里不要拍。一旦甲虫重重拍打这里的话，塞子就会往下重重压下，里面的小幼虫就会感到非常痛苦。聪明的甲虫用一个粗糙的塞子就立马解决了所有的问题。

一周过去了，甲虫在"梨"里产的卵很快就要孵化成小幼虫了。刚探出头来的小幼虫做的第一件事情就是吃，或许是天性使然，它对于母亲的安排似乎早有感应，对着四周厚厚的墙壁就大口大口啃了起来。它很聪明，知道不往薄的地方吃，因为怕把"梨"弄出小孔，自己反倒会掉出去。

吃得肥肥胖胖的小幼虫模样实在不怎么好看，背部高高地隆起，皮肤透明得仿佛能看清楚里面的器官。若古埃及人有幸目睹这肥白幼虫发育的样子，他们肯定会倒吸一口冷气，这是那些庄严美观的甲虫吗？

幼虫第一次脱皮时，已颇具甲虫的形状，但还未完全长成。此时的它小巧可爱，位于头部下的前臂带着半透明的黄色，清亮如蜜；美丽的翼盘在中央，宛如折叠的宽阔领带。整整四个星期，它都保持着这样的美丽状态，直到再次脱皮。

为了完全长成甲虫的模样，幼虫一直在蜕变。颜色也由第二次脱皮时的红白色几经折腾慢慢变成檀木黑。在颜色转黑的过程中，它的表皮也会越来越硬，直到最后披上角质的甲胄。

所有的蜕变都是在地底下梨形的巢穴里完成的。然而，它向往阳光，渴望天空，盼望着有朝一日能冲开带有硬壳的巢。不过，想要成功还需天时地利。

八月份的天气向来炎热异常，即使再柔软的材料也经不住这样的炙烤，更何况是小小的甲虫巢穴，怕是早变成了铜墙铁壁。而甲虫却偏偏选择在这个时候出来。单枪匹马是不可能冲破这坚固的墙壁的，除非天降雨水，助它一臂之力。

我曾好奇于甲虫出来的方式，因此做过一次试验，将一种干燥的硬壳放置在关有甲虫的盒子里。不久，我就听见盒子里传来一种奇怪的声音，这些不甘心被囚的甲虫正用它们头上和前足的耙在使劲儿凿墙壁呢！可是，无论怎么努力似乎都是徒劳！两三天过去了，硬壳依旧没有任何松动的迹象。

我决定暗中帮助其中的一对甲虫，用小刀悄悄地戳开了一个墙眼。只可惜，这些帮助似乎杯水车薪，没给它们的工作带来任何实质性的帮助。两星期不到，这些用尽全力想逃出生天的囚徒们就死了，壳内归于一片死寂。

于是，我换了一种方式，将硬壳用湿布包裹起来，再放入瓶里，并用木塞封住。过了一会儿，湿气已完全将硬壳浸透了，我才把布抽出来。经过这么一番倒腾，囚徒们想逃出来可就容易多了。只见它们用长腿支撑着身体，以背部为杠杆，拼尽全力往壳上撞。每一次，它们都能顺利地冲破硬壳，将自己解救出来。

大自然中，在没有人为干扰的情况下，甲虫要想冲破巢穴一样少不了外界的帮助。在八月骄阳的炙烤下，泥土坚硬得像砖头一样，此时逃跑无异于异想天开。甲虫们必须耐心等待时机！只有下雨了，硬壳才会慢慢变得松软，它们的挣扎努力才不会白费。

终于，它们自由了，可以呼吸外面的新鲜空气了。此时，食物已不是最重要的，甲虫们最想要的就是来一场日光浴——静静地躺在太阳底下，享受得之不易的阳光。

晒着晒着，它就饿了。不过，它不需要任何人的指点，就自会如前辈一样，勤勤恳恳地去干活：搓卷一个球，挖掘一个储藏所，储藏好食物，然后饱餐一顿，犒劳自己。

昆虫小档案

蜣螂的文化寓意

蜣螂不仅对生态环境有影响，也深刻地影响着人类的思想文化意识。如，在古埃及人看来，蜣螂是一种神圣的动物。他们相信在空中有一个巨大的蜣螂，名叫克罗斯特，是它用后腿推动着地球转动的。

在埃及到处可见蜣螂的图腾商品、形象、文字，在那里，它不仅是避邪的护身吉祥之物，也是象征生命不朽及正义之物。另外还有如《鹰和蜣螂》这样的寓言故事，也告诉我们，弱者可以向强者挑战，只要不屈不挠，坚持战斗，最终定会取得胜利。

蝉和蚂蚁的寓言

传说让大多数事物声名远扬。传说故事不仅在人类历史上留下了厚重的一笔，也在动物的历史上留下了华丽的篇章。而昆虫——作为众多民间故事的主角，它们以各种不同的方式引起了我们的注意，遗憾的是这些故事大多不尊重事实。

比如说一种大家都耳熟能详的昆虫——蝉，它可谓名声远播。就名声来讲，它在昆虫界可谓大名鼎鼎。在炎炎夏日里，它是激情似火的演奏家，但缺点是目光短浅，当一天和尚，撞一天钟。我们还是孩子的时候，蝉的名声就这样出现在我们的记忆里。

大人经常用讲故事的形式告诉我们，在寒冷的冬天，蝉一无所有，却还在坚持唱歌，因为它什么都不会，无奈之中只能跑到邻居蚂蚁那里讨要粮食，借此抵御寒冬。可是它并不受欢迎，得到的回答也是直截了当的拒绝，这造就了蝉的臭名声。

短短的两句诗带着赤裸裸的嘲弄和讽刺极尽蝉的可怜与世态炎凉：

你原来在唱歌！这真讽刺！

你现在还可以尽情跳舞！

这两句诗直接把它的"游手好闲"的特点深深地刻在了我们的记忆里，再也挥之不去。

蝉的出生地在橄榄树茂盛的地方，那里少有人烟，因此很多人没有听过蝉的歌唱；但是它在蚂蚁面前的那副狼狈的样子却深深地留在了许多人的脑海里。因此，它的名声就经由简单的故事流传开来！这是一个一无是处、毫无营养的故事，根本不尊重道德和自然规律。

孩子们恰恰善于记忆这些东西，而这印象一旦进入孩子的记忆，就难以除去。当孩子们刚开始尝试背诵的时候，就在咿咿呀呀地述说蝉的遭遇了。实际上冬天并没有蝉，孩子们却常说，在寒冷的冬天，蝉总是饱受饥饿之苦，总是可怜兮兮地乞求别人施舍几颗麦粒——事实上这种食物并不是蝉所能进食的。孩子们还说，蝉总是一边乞讨，一边寻找苍蝇和小蚯蚓，事实上它们根本不吃苍蝇和蚯蚓？

寓言大师拉封丹的寓言以对生活细致入微的观察而令人追捧，但在有一点上，他却是疏忽了的，那就是关于蝉的问题。对于寓言中狐狸、狼、猫、山羊、乌鸦、老鼠、鼬等动物，他可以说是了如指掌，无一不是刻画得形象生动、精彩绝伦，因为这些都是拉封丹的好友、邻居，这些小家伙们的生活每天都在他面前上演。

但是，蝉却没有出现在兔子雅诺[1]蹦跶的场所。对于拉封丹来说，他心目中优秀的歌唱家只有蚱蜢，我猜测他应该从未见过蝉，更不用说听它唱歌了。

和拉封丹一样，世界闻名的画家格兰维尔[2]也犯了类似的错误。蚂蚁在他的画中是一位勤勤恳恳的主妇。她倚靠在自家的大门边，神情鄙夷地看着来来往往的路人，漠视着借粮人对她伸出的乞讨的爪子。寓言的另一位主人公——蚱蜢，戴着宽边帽子，裙子被寒风吹得紧贴在腿肚上，胳膊下还夹着一把吉他，出场了。和拉封丹一样，格兰维尔也没有想过这个问题——真正的蝉是什么样的，他不过是再次犯了大家都会犯的错而已。

除此之外，我们或许不知道，拉封丹描写的这个小故事，只是某种程度上"抄袭"了另一位寓言家的创意罢了。蚂蚁对蝉嘲讽和冷漠的传说几乎与整部世界史一样悠久。

在雅典，背着塞满无花果和橄榄的草编包的孩子们一边走一边低声叙说着这个故事的梗概，几乎要把它当作背诵的课文："勤劳的蚂蚁们会在冬日暖阳出现的时候，把储备的食物拿出来晾晒。一只饥饿的蝉不合时宜地出现了，它向蚂蚁乞讨几粒谷子充饥。那些吝啬的蚂蚁却回答说：'夏天你唱歌唱得那么欢快，现在怎么不去跳舞呢？'"

---

1 兔子雅诺是拉封丹寓言故事最著名的主人公之一。

2 格兰维尔（1803—1847），法国画家，为拉封丹的《寓言集》画过插图。

希腊——一个盛产橄榄树和蝉的国家，孕育了这个寓言。我甚至有点怀疑伊索是否真的像我们熟知的那样，是这个寓言的作者。但这并不重要，可以确定的是讲这个故事的人是个希腊人——与蝉生活在同一片土地，对蝉肯定有足够的了解。蝉是绝对不会出现在冬天的，这是个常识。

生活在我周围的人们，即便是没读过什么书的农民，也知道这个道理。寒冷的冬天来临了，农民要为橄榄树培土。在这个过程里，一些蝉的幼虫总会被他们的铁锹不小心挖出来。因此只要翻过土的人都应该知道蝉的幼虫是什么样的，他们也应该知道蝉的一生是怎样的。比如幼虫如何钻出地洞，怎样爬上一根树枝，如何蜕皮，如何脱掉嫩绿色的衣服换上棕色外套，最后变成一只真正的蝉，等等。

这些连最没有观察力的人都能发现的事实，是怎么样被寓言的作者忽略的呢？不管写出这则寓言的人是谁，他们肯定有最便捷的途径去了解这些常识。那么问题就出来了，故事里怎么会出现这些不合常理的细节呢？

与拉封丹相比，这位希腊的寓言家所犯的错误更是令人难以接受，他只是在重复我们书本上的蝉是什么样的，而不是说真正去了解就生活在他身边的真正的蝉。实际上，他也只是在抄袭，他抄袭了一个古老的印度传说。古老的印度人用这个故事告诫人们：生活没有计划，事情肯定会变得很糟糕。

印度人经常和昆虫打交道，他们怎么会犯下这样的错误呢？我猜测或许事情的真相是这样的：其他某种动物才是这个故事的主人公，而并非蝉，生活习性的相似性让它们被混淆了。

在漫长的时间长河里，这个古老的故事使生活在印度河畔的人们，无论老少，都受益颇多。这个故事的历史或许可以和勤俭节约第一次被人提出的年代一样悠久。像所有的传说一样，在一代又一代人的传递下，部分细节被削减、删改、添加。古老的传说碰到强势的人为历史就不得不改变以适应不同时代人的不同需求。

或许希腊人把蝉引入故事做主角，是因为在希腊乡间并没有印度人讲的那种小动物。这就比如在巴黎，蚱蜢一直代替蝉做了很多事情。错误一旦铸就，挽回就十分困难，孩子们已经把它移植到了自己的记忆里。

扪心自问，蝉作为一个邻居确实非常的聒噪、令人厌烦，不过我还是想为这位蒙受冤屈的歌手说句好话。

每年的七八月份，蝉都会成群结队地在我家门前那两棵粗大的梧桐树上安家落户。它绝对是一个尽职的演奏家，一整天都在演唱，从不停歇。如果我没有好好抓住早晨清静的时间工作，这一天就算彻底浪费了！单调而又枯燥的乐曲时刻充斥着我的耳朵，令我头晕目眩，无法思考，几近崩溃。

天啊！你这讨厌的虫子，为什么要来祸害我！我只是想要一个安静的环境啊！听说，为了聆听你的歌声，雅典人特地把你们养在笼子里，这真难以让人理解。

在昏昏欲睡的午后，一两只蝉叫还可以接受，但是当上百只蝉同时鸣叫的时候，只会让人头皮发麻，烦躁不已，根本无法再思考问题了。可你们这些蝉还强词夺理，说你们才是真正的主人，你们早于我在这生活了许多年，而我才是真正的外来入侵者。

寓言家的言论最终被事实推翻了。我并不清楚蝉和蚂蚁之间到底有什么关系。我只知道事实并不像寓言家所说的那样。蝉从来不需要别人的救济，反而是蚂蚁，把一切可以食用的东西占为己有。

蝉绝对不会去向蚂蚁乞讨粮食，任何情况下都不会；反而是蚂蚁，它很多时候会向蝉伸出黑手。蚂蚁会剥削蝉，甚至将蝉的一切据为己有。或者这个过程很少有人了解，那么就让我来揭开事情的真相吧。

盛夏的午后无比炎热，口渴难忍的蚂蚁四处游荡，想从干枯的花朵上取水解渴。一旁的蝉却停在小灌木的枝丫上，一边不停地唱歌，一边用尖锐的喙刺进坚硬光滑的树皮，开怀畅饮。

如果我们仔细观察，或许能发现一些特别的现象。渗出的树汁，吸引了许多饥渴极了的昆虫聚集到蝉附近。起初，它们还是小心翼翼地试探着，偶尔舔一舔，以解燃眉之急。这些昆虫有胡蜂、苍蝇、球螋、天蛾、蛛蜂、金龟子，当然蚂蚁可没有落下，它们都围在了蝉的旁边。

为了更快地喝到琼浆，瘦小一些的昆虫便从蝉的肚子底下钻了进去。憨厚的蝉小心翼翼地抬起腿，给它们让路。庞大一些的昆虫就只能霸王硬上弓，硬生生地挤进去喝一口然后飞快地逃跑。在附近晃荡一会儿后，它们又开始怀念那可口的琼浆了，再次飞回来，它们恨不得把主人赶走。

蚂蚁是这伙强盗中最坚持不懈的了，它们倒是做得彻底，把蝉直接赶走。它们齐心协力，一起合作，有的拉蝉的触须；有的扯蝉的翅端；有的爬上蝉的背；更有甚者，竟然想要把蝉的吸管给拔出来，简直无耻之极！

尽管这些讨厌鬼对蝉构不成什么大的威胁，但蝉被这些入侵者弄得无比烦躁，它向这些拦路抢劫者撒了泡尿，然后离开了。

对蚂蚁来说，目的已经达到，尽管这泉水已所剩不多，但很甘美，更何况是从别人那儿白白夺过来的。如果再有这样的机会，蚂蚁照样可以用无耻的途径抢占过来。

你们看，现实生活里的场景与寓言里虚构的情节是截然不同的。蝉是甘愿与受难者分享泉水的，而蚂蚁才是真正的掠夺者和侵略者，为达目的，不择手段。

下面一个细节更能说明寓言里的情节是多么荒唐。夏末秋初，歌手在度过了快乐的时光之后，生命走到了尽头，它的身躯从树梢上落下，被阳光晒成了干尸，躺在路边。遭人践踏算是轻的，最可怕的结局是被强盗蚂蚁碰上。它们会把蝉的躯体撕开、肢解、弄碎，变成自己冬天的储备粮食。蝉的处境是够悲惨的，但最惨的莫过于成全了蚂蚁还要背负臭名。

抒情诗人阿那克里翁[1]曾为蝉写过一首颂歌，极尽溢美之词，足见蝉在古代的经典文化中还是极受尊重的。其中有一句是这样说的："你几乎就是神。"尽管理由不太充分，但诗人还是将蝉尊奉为神。

其实，即使是对蝉了如指掌的普罗旺斯诗人——阿那克里翁，在歌颂被他视为神的蝉的时候也没考虑事实。不过有一个人却例外，他是我的朋友，他热爱生活，注重细节，观察细致。经过他的同意，我从他的作品中挑选了这首严谨地刻画了蝉和蚂蚁的关系的普罗旺斯诗歌。从我每年夏天在自家花园的丁香上所看到的情况推断，这首诗歌内容的真实性是毋庸置疑的。

蝉和蚂蚁

一

啊，这鬼天气真热！

但对蝉而言，这正是好时光。

它多高兴啊！似火的骄阳对它来讲真是好东西。

这也是丰收的季节，看金色汹涌的麦田里，

农民正弯腰劳作，而不是放声唱歌。

天太热了，干渴把他们的歌声压抑在胸膛。

1　阿那克里翁，公元前6世纪希腊抒情诗人。

蝉！这不是你的好时光吗？

那么，你不妨再勇敢些。

唱响你的歌声，跳起你的舞蹈。

再把你的镜子擦亮！

此时此刻，农民正舞动着镰刀，挥汗如雨。

镰刀的光芒，在金色的麦浪里闪闪发亮。

填满了水的水罐，罐口塞着青草，

悬挂在农民的腰间。

磨刀石留在木盒里悠然自得，

还能不停地饮水。

可怜辛苦收割的农民，

不得不在骄阳下辛苦劳作。

连骨髓都快要蒸发完了。

对付这天气，蝉有自己的方法，

随便用喙一戳，就能吸食到甘甜的汁液。

汁液像井水一般源源不断；

汁液好比琼浆，甘甜无比。

好景不长！好景不长！

附近有一伙强盗，虎视眈眈。

金黄色的麦浪，它们也顾不上了，

炎热的天气里，水才是救命的东西。

它们从四面八方匆匆赶来，

只为分得一滴蜜浆。

你要当心啊，蝉！

那些家伙可是无比凶残！

起初只是试探，接着就是直接掠夺。

开始只为品尝一口美食，

但是残羹冷饭哪能满足得了它们？

它们会使尽头全身力气，霸占你挖掘的井。

它们撕咬你的全身，让你心烦意乱。

你微微一笑，撒了一泡尿，

想淹没这伙强盗。

你远离了它们！

它们却兴高采烈，舔食你剩下的琼浆。

在这伙不知廉耻的强盗里边，

蚂蚁是最令人恶心的那个。

苍蝇、大胡蜂、胡蜂、金龟子，

在烈日的召唤下，带着骗人的把戏来到你身边，

它们只想分到一点点。

可不像蚂蚁，还要赶走主人。

蚂蚁真是把坏事做绝，

它们在你的身上留下脚印，

它们顺着你的脚往上爬，

还在你的翅膀上散步。

二

老人们讲的故事和事实大多有出入，

他们告诉我们，

你一到冬天就饿着肚子到处游荡，

悄悄潜入蚂蚁的粮仓。

太多的麦粒还没来得及搬进去，

上面已经盖满了露珠。

蚂蚁悠闲地在太阳下晾晒粮食，

等到晒干再装进粮仓。

你出现了，泪水挂满了你的脸。

你告诉它，冷风吹得你瑟瑟发抖，

请允许我借点麦粒吧。

蚂蚁充耳不闻，只当没听见，

它们吝啬得一粒粮食都不肯给：

"你活该这样，夏天唱歌不是唱得很欢快吗？"

这就是老人们讲的故事，误导我们学习吝啬鬼。

蚂蚁赶紧收起了自己的粮袋，

生怕你会强抢一般。

让这些蠢货也饿饿肚子才好，

我很不理解寓言家的这些说辞。

关键麦粒儿并不是你的最爱，

你借来又有何用？

冬天！也没什么关系，

你的孩子们藏在地窖里安睡，

你也已经死去，甚至尸体都找不到了。

强盗们还不放过你，

把你的尸体撕碎、吞噬，

藏起来储备好，

它们就靠这个度过冬天。

三

这才是事实,寓言全都是假话!

蚂蚁看到这个不知道会不会气晕过去。

它们还大放厥词,说唱歌的艺术家从不干活,

饿肚子就是惩罚。

快停下来!

要知道蝉在攫取汁液的时候,

蚂蚁是抢得最凶的那一个种族,

它们甚至将蝉的身体吃个一干二净。

于是,长期受到寓言家污蔑的蝉恢复了清誉。当然,这还得归功于我的朋友,还有他那极富表现力的普罗旺斯方言。

昆虫小档案

蝉的寓意

蝉在中国古代象征复活和永生,这个象征意义来自它的生命周期:它最初是地下的幼虫,后来成为地上的蝉蛹,

最后变成飞虫。

蝉的幼虫形象始见于公元前两千年的商代青铜器上，从周朝后期到汉代的葬礼中，人们总把一个玉蝉放入死者口中以求庇护和永生。由于人们认为蝉以露水为生，因此它又是纯洁的象征。

自古以来，人们对蝉最感兴趣的莫过于它的鸣声。它为诗人墨客们所歌颂。很多人以咏蝉声来抒发高洁的情怀，更有甚者还有人用小巧玲珑的笼装养着蝉置于房中听其声，以得欢心。

的确，从百花齐放的春天，到绿叶凋零的秋天，蝉一直不知疲倦地用轻快而舒畅的调子，高唱蝉歌，为大自然增添了一份浓厚的意趣，难怪人们称它为"昆虫音乐家""大自然的歌手"。

蝉出地洞

　　有比老师学识更渊博的学生吗？有时候可能也会出现一两个。否则的话，在雷奥米尔[1]以后再和人们讲关于蝉的故事就没有多大意义了。他曾在我生活的周边搜集感兴趣的研究素材。他先是观察和搜集标本，然后再用马车运出去，把它们泡在烧酒中。

　　我则刚好相反，我和蝉在一起生活。每年一到七月份，它们就成了花园的主人，它们甚至登门造访来到我家门口。就这样我的那所房子便有了两个主人。我是屋里的主人。它们是屋外的主人，它们整个夏天都趾高气扬、无人能敌、吵吵闹闹。

　　如此亲近的邻里关系，如此高频率的你来我往，让我有缘观察到一些它们生活的细节，而这些都是雷奥米尔所不曾想到过的。

　　快到夏至的时候，第一批蝉率先登场了。故事是这样开始的：首先是在那些阳关充足、被过往行人踩得结结实实的地面上，会突

　　1　雷奥米尔（1683—1756），法国化学家、物理学家、博物学家，他对昆虫颇有研究。

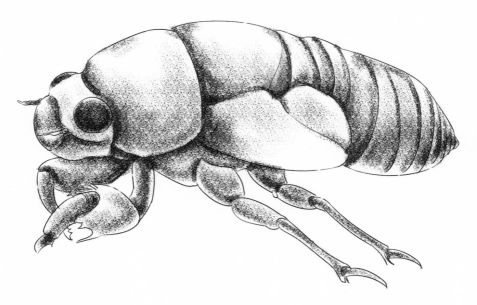

蝉的幼虫

然出现一个个像手指一般粗细的小洞洞。别小看这些小洞，这是地洞的出口，蝉的幼虫就是经由它们从地下爬到地面上，然后在地面完成变成蝉的最后一次蜕变的。除去生长着各种庄稼的土地，这些小洞几乎无处不在。当然，在那些最炎热也最干燥的地方——尤其是路边，这些小洞尤其多。

蝉的幼虫自身带有非常尖锐的工具，这足以帮助它们穿过地下的泥沙和干燥的土层。如果我没有看错的话，它们甚是喜欢从那些最坚硬的地方钻出来。

我的花园里有一条小道，它旁边那一面朝南的墙正好可以把阳光反射到这条小路上。因而这里一年四季阳光充足，我开玩笑地把这里称为"小塞内加尔"。得天独厚的自然条件使这里成为了蝉的幼虫最喜欢的地方，这里会出现很多小洞口。

六月末的时候，我开始勘察那些被废弃的小洞，但是由于地面太硬，我只得借助镐子。

洞口呈圆形，直径不过两厘米宽。周围基本没有别的东西，并没有用土堆积的小土坡。可见，蝉并没有像另一位挖掘好手——屎壳郎那样，会在洞口堆积一个小土堆。它们之间的差异源于它们工作流程的不同。屎壳郎是从地面开挖直到地下，开始的部分是洞口，它要不断地回到地面，把挖出来的土堆在洞口。而蝉挖洞的流程正好相反，它是从地下开始挖——一直挖到地面，最后一道工序才是挖洞口。在这之前，蝉是没办法经由洞口把地下的泥土运到地面上的。

蝉的洞最深可达四十厘米，呈圆柱形，大体上是垂直的——这样路程最短，但偶有某些地方依据土质的不同会出现轻微的弯曲。总体而言，整个地洞四通八达、通畅无比。

我也曾尝试着寻找那些它们挖掘时产生的泥土，但最终以失败而告终：无论哪里都找不到哪怕一丁点儿土堆。洞底是封闭的，里面是一个很小但足以使蝉的幼虫容身的小洞穴，周围也非常平整。看上去，它并没有和从地底延伸到地面的坑道有连接。

根据洞的纵深度来看，挖掘一个深达四十厘米的洞产生的土至少应该有二百立方厘米！那么，这些土哪里去了？我们都知道，地洞和小洞穴是在干燥而易破碎的泥土里挖出来的。假使整个施工过程只有打洞这一道工序的话，那么地洞的壁上也应当是有粉尘的，肯定也极容易坍塌。然而事实并不是这样，我看到的洞壁就像是被粉刷过一样平整，甚至上面还涂了一层黏糊糊的像泥浆一样的东西。这实在令人吃惊！

当然，要说洞壁非常光滑是有点儿夸张，然而它至少看上去不是那么粗糙。那些本来容易坍塌的泥土，因为有黏糊糊的一层类似泥浆的东西的保护，牢牢地贴在了洞壁上。

蝉的幼虫在地洞里穿来穿去，不是上到靠近地面的地方，就是下到最下面的洞穴里，然而它带爪的腿一点都没有成为阻碍，没有造成地洞塌方也没有给它的行动带来任何不便。我们都知道，矿工得借助支架和横梁来支撑矿井周围才能避免塌方，修建地铁的时候也得借用砖石来固定隧道才能避免发生事故，而蝉的幼虫在打洞的时候根本不用借助外来工具。从这一点看，它们比起高明的工程师来，一点儿都不逊色。

倘使蝉的幼虫在地洞中穿梭准备爬上地面或者攀附到附近的树枝上准备完成变为蝉的最后一次蜕变，恰好被我碰见的话，它会立即紧张地缩回去，再钻到地底下，整个过程没有一点儿困难。经验告诉我，即便这些地洞被永远地弃用，它们也不会塌方或者堵塞，它们会长时间地保持畅通。

事实上，地洞里的那条通向地表的通道，并不是蝉的幼虫因为着急见到地面上的阳光而在非常急促的情况下完成的。说它们是一座城堡也完全不是说大话，那里可以使幼虫长期居住。为什么这么讲呢？只要你仔细看一眼那经过"粉刷"的洞壁，你就清楚这其中的缘由了。

试想一下，如果这只是一个仅使用一次就马上废弃的洞，有必要做得如此精细吗？没有。换句话说，这很像是一个气象站。在这里，蝉可以感知外部世界的天气变化情况。蝉的幼虫住在如此深的地方，即使它已经发育到可以出洞的地步了，但如果不考虑外面世界的天气情况就贸然出去，那就要承担相当大的风险。地底下的温度变化是非常慢的，和地表温度变化完全不是同步的。而作为蝉生命中最重要的活动——蜕变，是需要阳光支持的，因此它必须对地面的天气状况了如指掌。

因此，它会花好几个星期或者是好几个月的时间不断地挖掘和修补，以加固通道。在地下，它会修筑一个比其他任何一个部位都要舒服的小窝。我们可以把这个小窝称为它的"避难所"。一旦它不得不推迟搬迁的时间，它就得待在那里。如果它感知到地面上的天气好一点儿了，它就会来到稍高的地方，通过土层感知地面上的温度情况，判断空气的温湿度，以确定是不是要"出土"。

假使外面的天气不好——例如刮风、下雨——这都会给蝉壳里娇嫩的幼虫以致命一击，蝉的幼虫就会谨小慎微地回到它的"避难所"继续等待。如果地面的天气条件不错的话，蝉的幼虫这时候就会抓紧时机，爬出洞去，开始自己的新生活。

现在我们再把思路拉回到一些令人费解的事情上去。第一件事情是，据我的估计，蝉的幼虫挖一个地洞平均要产生二百立方厘米的土。那么，这些土到哪里去了呢？第二件事情是，在这狭小的空间里，那些涂在洞壁上的类似泥浆一样的东西从哪里来的呢？

我们都听说过一些喜欢蛀蚀木材的昆虫，例如天牛和吉丁虫，它们的幼虫的行为似乎可以帮助我们回答头一个问题。它们在树干里一边挖掘，一边把挖出来的东西当成食物吃下去。蝉的幼虫是否也采用了相同的办法呢？应该不会！哪怕是再柔软、再温润的土，蝉的幼虫也不会把它当成食物吃下去。

那么，这些被挖出来的土，是不是会随着工程的推进，被它们直接抛到它们的身后了呢？这个问题需要我们好好来研究一下。

我们都知道，一般而言，蝉的幼虫要在地下等待四年之久。它们肯定不会在我们之前描述的那个地下的洞穴里呆上这么久。再说，那个所谓的洞穴只是它们爬出地面活动之前的临时避难所。这些幼虫都是从别的地方迁移来的，很多甚至是从很远的地方来的。

它们到处流浪，嘴里的吸管换着树根一处处插进去汲取养分。为了逃避冬天刺骨阴冷的表层泥土，或者为了住在一个更加舒适的养分充足的地方，它们会选择搬家。而要搬家就先要挖掘一条地道，在挖地道的过程中把用它的"镐头"晃动过的泥土抛在身后，这毫无疑问！和天牛、吉丁的幼虫一样，蝉的幼虫只需一个极小的空间就可以了。对蝉的幼虫而言，在柔软、潮湿且易于挤压的泥土里，它很轻松地就可以从中挖掘到自己的安身之处。

然而对于蝉来讲事情并不这么简单，因为它是在非常干燥的环境里挖洞的。我们都知道，干燥的泥土是很难挤压出空间来的。蝉的幼虫开始挖洞的时候，也许会把刚挖出来的泥土清理到身后原先存在的坑道里。等到洞都挖好之后，这个坑道就不存在了。虽然我现在还无法证明这一点，但这是极有可能的。然而，挖出来的地洞空间那么大，挖出来的那么多泥土至少需要有同样大小的堆放空间，难度太大了。

想到这些，我又不免会产生怀疑。试想一下，挖出来的泥土需要有巨大的空间来堆放，去哪里找这么大的空间呢？不难想象，要获得这样的空间，难道不是还要找另外的空间来堆放这些空间里挖出来的泥土吗？这样的话，就会陷入一个恶性循环。

可以肯定的是，单单是把粉末状的泥土堆放到身后并压实来释放空间并不足以解释这个难题。那么，蝉的幼虫要解决这一大难题，肯定有它特有的方法。这个方法是什么呢？我试着去揭开其中的秘密。

我们来看看那些刚刚从地洞里挖出来的幼虫是怎样的。瞧吧！它们身上总是多多少少沾满泥浆。再看看它们那用于挖掘的前爪吧！总是沾满了一颗一颗的小泥球。它们剩余的爪子也是一样，都被泥土裹得紧紧的。它们的背上也满是泥浆样的泥土。总而言之，它们就像是一个个刚刚从地下通道里钻出来的人。当然，最不可思议的是，它们都是刚刚从干燥的泥土里钻出来的，正常来讲它们应该是满身灰尘啊！然而，它们却是满身泥浆。

那么这是为什么呢？看来这是一条不错的线索。我想方设法找到一只正在地下"造房子"的幼虫，并把它连同它的地洞一起都挖了出来。当然，它的"建筑工地"也完全展现在我的面前，那是一个刚刚挖了一只拇指长短的地洞，里面什么也没有，在洞的底部有一个小小的休息室。

接着，我们来看看这只幼虫的状况吧！此时的它比我在洞口看到它的时候要白得多。它的眼睛也是白的，但是那种浑浊的白，瞪得大大的，总是向一边斜视，看上去应该是没有视力的。也是啊！在地下还需要什么视力呢？

这与我之前看到的自己出洞的幼虫的情形完全不一样。那些自己出洞的幼虫的眼睛是黑而发亮的，视力应该不错。因为自行出洞的幼虫必须尽快找到树枝作为栖息之地才能完成最后的蜕变，而很多时候洞口是没有树枝的，因此出洞的幼虫必须要有非常好的视力才能完成这最后的一搏。

实际上，幼虫在地下并不是心血来潮仓促之间完成那个艰巨的挖洞任务的，在破土而出之前它要工作很长时间。这一点可以通过观察幼虫的视力的成熟过程来得到验证。

不只是眼睛上有区别，这只还未完全成形的白色幼虫比成熟之后个体的体型还要大。看，它的身体涨涨的，体内满是液体，像得了水肿的病人一样。用手稍微动一下它的身体，它的尾部就会渗出一种透明的液体来。这种透明的液体渗出来以后，会立刻将它的身体浸湿。这是什么液体？难道是幼虫的尿液、粪便、体液？说真的，我真不敢确定这种液体究竟是什么，暂且将其称为尿液吧。

或许问题就在这里！幼虫在挖地洞的过程中，会不断地用尿液把挖下来的干燥的泥土和成泥浆，然后再用肥胖的身体把这些泥浆压实了粘在墙壁上。久而久之，一条结实的通道就行成了。简直太完美了！天生的建筑家！

就在这一瞬间，我终于搞明白了蝉的幼虫从极端干燥的土里钻出来时为什么会浑身沾满泥巴，原来它一直在这样的一种黏糊糊的环境中工作。后来，我发现即使蝉的幼虫最终蜕变为蝉之后，它的尿袋也不会被它抛弃。

不信你试试看，只要你敢靠近它或者侵犯它，它肯定会朝你撒一泡尿作为保护自己的方式，并趁你不注意赶紧逃走。也就是说，那个尿袋最终会变成它最好的防御性武器。另外，尽管蝉天生喜欢干燥的环境，但是不管是幼虫还是成虫，都是非常好的灌溉高手。

不过问题到这里还没有完！试想一下，那么长的通道，即使蝉的幼虫全身蓄满水，也不够用啊！水用完之后，需要及时补充，那么，蝉的幼虫到哪里去补充水分呢？

等我把整个地道完全挖开之后，终于发现了其中的奥秘。我在洞底的小洞里，发现了一些活树根。那些树根嵌在小洞的墙壁上，有粗有细，完全暴露出来的部分只有几毫米左右。原来这些树根就是水分的来源，幼虫身体里的水分正是从树根里面吸取来的。这些树根是幼虫偶然碰见的？我认为是它们有意为之，因为我挖到的所有洞里面基本上都有一模一样的情况。

再明显不过了！蝉的幼虫在寻找通道地点的时候，那些靠近新鲜树根的地方绝对是首选。任何时候，只要需要补充水分，它就会来到洞穴的底部，把吸管插进新鲜的树根"饱餐一顿"，然后继续工作，如此循环往复。

在挖通道的过程中，它会用身体里的水分把挖出来的干土弄湿，然后用爪子搅拌，将泥土和成泥浆，最后把这些泥浆压实了黏在墙壁上。不断地重复这样的工作，就可以造就一条畅通无阻的地下通道。虽然这整个过程，我并没有亲眼所见——事实上这样的过程我不可能亲眼观察到，但是所有的证据都能证明这一点。

那么，如果幼虫的"蓄水池"干了但周围又没有新鲜的树根来补充水分，幼虫该怎么办呢？请看我下面的实验。

我找了一条刚刚爬出地面、身体里的水分已经用完的幼虫，把它放到一个十五厘米长的试管的底部，上面覆盖上干燥的泥土。接下来会发生什么呢？我认为幼虫应该能爬出试管，因为试管里面的土比地下坚硬的泥土要松软得多。但事与愿违，我发现幼虫虽然竭尽全力想要爬出试管，但是它连续努力了三天始终没有任何进展，第四天它死在了试管底部。

　　后来，我又找了一条刚出地洞但是身体里的水分仍然十分饱满的幼虫做了同样的实验。这一次，它终于没有让我失望。它只需要一点水分，就足以把干土变成泥浆，然后黏合它们，最后把它们固定在旁边。最终，它居然在不怎么宽敞的试管里挖出了一条地道，尽管那是一条形状不怎么规则的地道。更神奇的是，它似乎知道身体里的水分不够用，要尽可能节约，所以它每次只是用一点点水分。经过十几天的精打细算，它神奇地摆脱了试管，简直不可思议！

昆虫小档案

蝉有一个哑巴妻子？

　　蝉是蝉科昆虫的代表种，体长两至五厘米，有两对膜翅，形状基本相同，复眼突出，单眼三个。蝉有发达的挖掘足。蝉的幼虫生活在土中，末龄幼虫多为棕色，与成虫相似。它们像针一样中空的刺吸式口器可以刺入树体，吸食树液。蝉也有不同的种类，它们的形状相似而颜色各异。

蝉的发音器官长在腹部两侧，是由盖板、镜膜、声鼓和共振室四部分组成，此外还有操纵这些器官声肌和相应的神经系统，共同担负着发音的工作。当蝉要发声时，声肌开始收缩，使声鼓上的薄膜向里拉，拉到不能再紧的时候，再将声肌松弛，声鼓上的薄膜就恢复原状了。

当声肌收缩快时，音节就短；收缩慢时，音节就长；收缩的强度大，声音就高昂；收缩的强度小，声音就低沉。再加上覆盖在上面那块革质的盖板，时快时慢地起伏着，起到了好像"吹笛捏眼"的作用，又有共振室的共振作用，难怪蝉的鸣声那么响亮了。

不过，只有雄蝉才有发音器，所以人们常说："蝉有一个哑巴妻子。"

蝉的蜕变

从幼虫踏出洞穴的第一步开始，就意味着它的地洞没有用了，成了废弃品。那空荡荡的洞口远远看上去就像是被大钻子钻出来的一样。

刚从地洞出来的幼虫在洞口附近不停地游荡着、寻找着，希望能找到一棵小荆棘、一丛百里香、一根禾本植物或者是一棵灌木。这些地方都是它最期待的新栖息地，它就是要在这些地方完成最后的蜕变。

终于，它找到了。只见那娇小可爱的蝉宝宝顺着新的栖息地不停地往上爬啊、爬啊。很快它就停下来了。它先是把两只前爪紧紧地固定住，然后再把剩下的爪子也挂在上面。再经过一阵简短的休息，它就要开始迎接自己的新生了。

蝉蜕皮的过程是这样的。

最开始的时候，沿着它背部的中线会先裂开一个口子。这个口

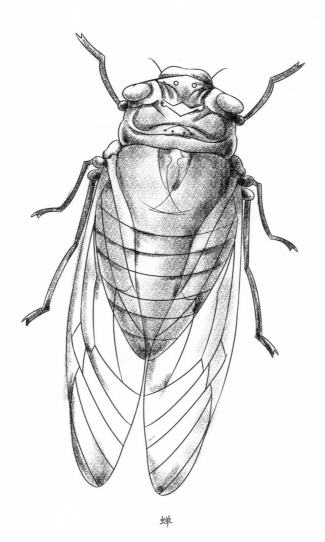

蝉

子边缘的外皮一点点被撕裂，蝉浅绿色的身体随着裂口不断增大而逐渐挣扎出来。

背部外皮慢慢脱落的时候，它前胸的外皮也在慢慢脱落。仔细看！从它的头部后方的位置开始一直延伸到它的后胸部位，出现了纵向的裂纹。它的身体在一点点向外脱落。

很快，罩在它眼睛部位的外皮也开始裂开了。它那红色的眼睛也露出来了。

此时，包裹在开裂的外皮里的绿色身体在不断地变大、变大。忽然，它的中胸部位出现了一个突起物。它的身体不断地抖动着！随着血液的加速流动，它的整个身体一张一缩地伸缩着。一开始，我还好奇它的身体为什么会突然长出了那样一个突起物？这时我才明白，它可以帮助蝉宝宝的胸甲顺着阻力最小的两条十字形的直线从外皮里蜕出来。

蜕变的速度越来越快！它的头最先出来了，喙和前爪也慢慢地脱离了外壳的束缚，它的后爪也出来了。

直到这时，除了尾部，蝉宝宝身体的其他部位都已经从壳子里解放出来了。

整个过程用了近十分钟的时间，可是这才是蝉宝宝蜕变的第一步。

接下来的一步，十分钟远远不够，需要更长的时间。

紧接着，第二步的蜕变，也就是尾部的蜕变，即将开始。那么它的尾部是怎么摆脱外皮的束缚的呢？我们仔细看一下。

这时，它的尾巴还在壳子里，所以它非常不甘心。为了获得彻底的解放，它蜕变出来的那部分身体突然在空中来了个一百八十度的大翻转。此刻，它的头部向下。它那淡绿色的身体完全暴露在外面，有些地方还夹带着黄色。紧贴在一起的蝉翼现在因为有了血液的灌注，正在慢慢地舒展开来。等到它的两翼完全展开后，它又来了个一百八十度的大翻身，头部又翻到了上面，身体回到了正常的姿势。然后，它用前爪抓住上面的空壳，使劲地从尾部的外皮里挣脱着自己的尾翼。经过努力，它终于成功了。

这样一来，蝉宝宝就完全脱离了外壳，获得了自由。全部过程一共花了半个多小时。

现在，蝉宝宝虽然已经完全从壳子里出来了，但是它的样子和我们通常看到的还是不太一样。看它那湿漉漉的翅膀，就像玻璃一样厚实、透明，上面布满嫩绿色的纹路。它的整个身体几乎都是淡绿色的，只有个别的地方点缀着白色，前胸和中胸上则带着些许棕色。它还需要一些变化，才能完全蜕变成蝉。而这最后的变化可少不了太阳的帮忙。

在太阳下晒了一段时间后，幼蝉长得越来越壮实。两个小时后，它的身体的颜色越来越深，越来越健壮。又过了半个小时，它彻底度过了蜕变期。它身体的颜色、结实度都有了很大的变化，完全成了一只真正的蝉。

根据我的经验，一只蝉九点钟开始在树上蜕壳，大约到中午十二点的时候，就能展翅高飞了。

　　蝉飞走后，它的蝉壳还会牢牢地挂在原地。即使再猛烈的风雨也无法轻易将其打落。那个完完整整的壳会在原地维持那样的状态达几个月之久。即使在寒冷的冬天，我们偶尔也能在树上发现那些孤零零的蝉壳，依然保持着最初的状态。

　　回顾蝉的蜕壳过程，我们不难发现要实现这样的蜕变过程，蝉需要先找好一个着力点——树枝。另外，树枝下还必须有足够的空间以翻转身体。否则的话，蜕变的过程很难完成。可是，假如我们将这样的两个条件都去掉了，那么蝉还能完成蜕变吗？

　　我找到一些即蜕变的幼虫做了这样一个实验。我在它们的一条后腿上系上一根细线，然后抓着细线将它们吊在一个试管里。我还要确保试管没有任何空气流动，以让细线保持中垂线的状态不变。

　　试管里的蝉一直倒挂着，头部朝下。这是一种非正常的姿势。因为蝉的蜕变初期要求保持头部向上，于是那些可怜的小家伙在试管中一个劲儿地折腾，想要翻转回正常的姿势。它们时而用前爪抓住垂直的线绳，时而抓住自己被绑的后腿。虽然这样的动作对蝉很有难度，但是大多数蝉还是想尽办法将身体翻转到正常的姿势了。在这种情况下，尽管它们还是不能保持绝对的平稳，好歹能固定在线上了，足以让它们完成蜕变。

当然，也有些蝉失败了，没有抓到线绳，没有把身体翻转过来，也就没有办法完成蜕变。我看到有几只蝉的背壳虽然裂开了，甚至中胸也裸露出来了，但是因为没有支点，没有办法蜕壳，最后死掉了。更多的蝉，因为没有支点，根本没有办法借力打开自己的外壳，最后就死在了壳里。

我还做了另一个实验。我将幼虫放到一个广口瓶里，在瓶底铺上些薄薄的沙子，以利于幼蝉爬行。在这样的环境中，尽管有开阔的空间，但是瓶壁的光滑，让幼蝉无法站直自己的身体，还是无法完成自己的蜕变。于是，可怜的幼蝉又以悲剧收场。

当然也有例外。在实验中，我也看到有些幼蝉以惊人的毅力，以自身为支点，保持平衡，竟然在沙子上完成了蜕变。但是大多数的蝉要想蜕变，还是需要一个正常的身体姿势的，最起码要有一个接近正常的姿势，才能完成蜕变。否则只有死路一条。

通过实验，我得出这样的结论：幼蝉能够对干涉它蜕变的外皮作出应对性的反应。就像成熟的豌豆会毫不犹豫地选择裂开，蝉的幼虫到了一定的时候，它的外壳也会自动裂开。

至于外壳什么时候裂开，幼虫会根据实际情况选择最恰当的时机。假如外部环境比较恶劣，那么幼虫很有可能推迟甚至是放弃蜕变。即使身体不停地发出蜕变的强烈要求，但是幼虫还是会理智地告诉自己条件不允许的话，无论如何不能冒险。当然，这样两败俱伤的悲惨结局也只有好奇心强烈的我，借助人为的实验，才能看到。

通常而言，幼虫的地洞边肯定会有荆棘丛或是树枝什么的。初生的幼虫只需找个最合适的荆棘枝或是树枝就可以了。几分钟里，它们后背的外皮就会开裂，然后完成蜕变。这个过程用时很短，给我的研究带来了巨大的挑战。

　　一次，我在附近的小山坡上找到一只准备挂上树枝的幼虫。我准备将它带回家做实验。于是，我将树枝、幼蝉一起打包，装进了一个锥形纸袋里，匆匆往家赶。可是，仅仅过了十五分钟，神奇的事情发生了。它竟然在这么短的时间里完成了蜕变。我不得不放弃最初的想法，因此我没有观察到预想中的场景。

　　世间万事万物都是互相联系着的，我通过蝉的快速蜕变竟然联想到有关烹饪的问题。记得亚里士多德曾经说，蝉是广受希腊人赞誉的美味。果真如此吗？

　　蝉的外壳蜕变得如此之快，要想享受到这样的美味，那一定要找到最恰当的时机去抓蝉。应该是什么时候呢？冬天不行，根本没有幼虫在这个时候破壳儿。最好的捕获时间是夏天，大量的幼虫在此时出洞，准备完成蜕变，随便找找就能有大收获。值得注意的是，抓幼蝉的时候一定要赶在幼蝉开裂前。即使晚几分钟，等到蝉壳开裂，美味就从嘴边溜走了。

　　我还是怀疑，蜕壳前的蝉果真如亚里士多德所言是真正的美味吗？我决定亲身体验一下。

　　七月的一天早上，太阳毒辣地炙烤着大地，热浪将蝉的幼虫一只只驱逐出洞。我们全家五口人开始了寻找蝉宝宝的旅程。我们在院子里搜索着。尤其是幼虫最喜欢待的小径两边，绝对是搜查的重点。我们约定，不管是谁，一旦发现了幼虫，赶紧将其放到水里，这样可以预防壳开裂。因为幼虫在水中很容易窒息，也就没有办法完成蜕壳了。

我们大概在院子里搜索了两个多小时，一个个累得大汗淋漓，可惜收获不佳，只找到了四只幼虫。它们在水里，有的已经死掉了，有的还在苟延残喘。不过，无所谓了。一会儿，它们都会进油锅。

我选用最简单的烹饪方法——简单油炸，只放少许的盐和洋葱。估计乡村厨娘的做法也不会比这更简单了。但是，简单的手法却可以最大限度地保留食材的鲜美。烹饪完毕，美味上桌，所有参与搜寻的人一起分享了这份被圣贤赞誉的美味。

大家胃口很好。这道菜吃起来虽然凑合，但是和"美味"二字相差实在太远。它的外皮很坚硬，汁水少，嚼起来就像是干羊皮。尽管亚里士多德对此赞誉有加，但是我认为口感一般，也不会再向别人推荐了。

如果你也想试试，不妨趁着夏天去搜寻出土的幼虫吧。不过，你要做好准备，这可不是件容易的事情。我们一家五口，用了两个多小时，在蝉经常出没的地方搜寻，也不过才找到区区四只幼虫。而且这个过程还需要十分谨慎，因为它一旦破壳，那就前功尽弃了。这样的搜集过程有时候也许要用上几天几夜。

我的烹饪实验证明了一个事实：亚里士多德虽然对这道美味极尽赞美，但是它肯定没有亲口尝试过。亚里士多德一片好意为人们反复推荐这道美味，不过是误信了很多传言。

如果我对传言也不加甄别就全盘接受的话，那么我也有很多关于蝉的故事。这里，我不妨给你讲一个听听。

据说用蝉来治疗肾衰或是水肿效果极佳。很多乡间医书上都有类似的记载。于是很多人会在夏天收集很多蝉的成虫，然后把它们放在太阳下晒干，再放到衣柜的隐蔽处收藏。如果某一天肾脏有些发炎或是尿路不畅，那么晒干的蝉就派上用场了，只要将它们熬成汤喝下去就可以了。这就是人们口耳相传的特效药。

实际上，蝉可以利尿的说法，也不过是传言。我们都知道，我们去抓蝉的时候，蝉为了自救会猛地撒上一泡尿，趁机逃跑。也许就是这样的一个逃生技能，让人们误以为蝉可以利尿吧！多么荒唐！

其实，蝉还有很多其他特性，比如蝉的幼虫会用尿液和泥浆给自己建一个小小的气象站。我不禁想，如果淳朴的人们知道了这个秘密，他们又会延伸出怎样的想象呢？

神奇的十七年蝉

北美洲一种穴居十七年才能化羽而出的蝉，属于半翅目。它们要在地底蛰伏十七年之久。雄蝉交配后即死去，母蝉亦于产卵后死去。科学家解释，十七年蝉的这种奇特生活方式，为的是避免天敌的侵害并安全延续种群，因而演化出一个漫长而隐秘的生命周期。还有一种十三年蝉。这种蝉在地下生活的时间长达十三年，仅次于十七年蝉。

一九七九年的夏季，从美国的卡罗来纳州到纽约，每天晚上都有无数暗色小虫子从地下飞出来，这就是十七年蝉。它们的目标是那些竖立着的物体，如树木、电线杆和建筑物。然后，雄蝉发出欢乐喧闹的叫声，引诱雌蝉，这标志着它们一九六二年出生后在地下生存了十七年，到地面上来举行"婚礼"。

这是其他食虫兽最快乐的时光，难得一见的盛宴马上就要开始了。所有食虫兽都会一拥而上抢食这些十七年蝉。要不是数量优势，这种蝉恐怕早就灭绝了。

蟋蟀的洞穴和卵

生活在草原里的田间蟋蟀是与蝉齐名的昆虫。蟋蟀的盛名主要源于它的歌声和住宅。作为在昆虫界享有盛誉的昆虫，在著名寓言大师拉封丹的寓言故事里只有不到两行台词，这未免是蟋蟀一生最大的遗憾。

我们一起来看一下拉封丹的这篇寓言故事：

一只有角的野兽不小心撞了狮子，误伤了狮子。狮子大发雷霆。为了杜绝此类事件的发生，狮子宣布：在它的领地里，不能再出现头上长角的动物。于是公羊、公牛马上搬了家，斑鹿也马上迁徙。

群兽惶恐不安。

有只野兔无意中在小河里看到自己耳朵的影子，生怕有谁多嘴，把它的长耳朵当成角，说耳朵就是角，于是也急着要搬走。

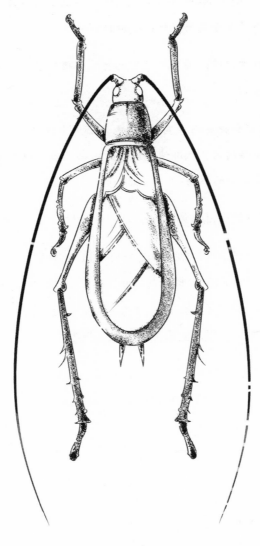

蟋蟀

"再见了，我的蟋蟀邻居，"兔子说，"我非离开这里不可，说不定有人会把我的耳朵当成角的。即便我的耳朵比鸵鸟的还要短，我还是会整日里担惊受怕的。"

蟋蟀责问道："这也叫角？你把我当傻瓜了？这是上帝给你的耳朵嘛。"

"人家会把这看成角的，"兔子怯生生地说，"还会把它看成是独角兽的角，我即使否认也是白搭，我的理由和抗议都会被认为是疯子的举动。"

这便是蟋蟀的全部台词。

大师虽然没有给它再加几句台词，可是这就够了，寥寥数笔，便写出了蟋蟀的正直与敦厚。它是傻瓜吗？不是！它完全可以说出更精彩的话语。可是不管怎样，野兔的离开也没有错。处于草木皆兵的环境中，唯一可以做的也许只有落荒而逃了。

著名作家弗罗里安[1]也在自己的作品中描写过蟋蟀。只是，在他的描绘中，蟋蟀可没有这样诚实！在这个寓言故事中，有蓝天白云、鸟语花香，有莺歌燕舞、草长莺飞，也有绅士淑女、纨绔子弟，但是内容平淡乏味，空洞无物，只有成篇的华丽辞藻。

其中，最让人不能容忍的是，他把蟋蟀描写成眼高手低、游手好闲、整日抱怨、不知进取的反面形象。很明显，这是非常不符合

1　弗罗里安（1755—1794），法国作家，著有作品《寓言集》。

现实的。了解蟋蟀的人都知道，蟋蟀可不是这样的，它对自己的天赋和洞穴都十分满意，它永远都是一个充满自信的家伙。

相比较而言，我更喜欢一篇不知名的作者笔下所描绘的蟋蟀形象。我们来看一下这个故事是怎样的：

很早以前的某一天，有只看上去穷困潦倒的蟋蟀正躲在门口晒太阳。

这时，一只美丽的花蝴蝶正好路过。那蝴蝶太漂亮了，看它的花衣裳，浅蓝色为底，点缀以黑绶带和金色斑点，在阳光下闪闪发亮。

蟋蟀对蝴蝶说："你每天就臭美吧，看你在花丛中呼朋引伴多快乐啊！但是你的一切都比不过我朴素的城堡。"

蝴蝶气得直哆嗦。

但蟋蟀的话你可不能不信啊！转眼间，雷雨大作！

蝴蝶一不小心被豆大的雨点打落在泥潭里。它那美丽的外衣转眼之间被烂泥玷污，蝴蝶自个儿也差点儿一命呜呼。

电闪雷鸣，蝴蝶痛苦不堪，不知道到哪里藏身！

此时的蟋蟀却舒服地躲在自己看似简陋却异常结实的房子里，欣赏雨中的美景。外面的狂风暴雨丝毫没有影响到蟋蟀歌唱的兴致，只听见它仍然在"克哩、克哩——"地放声高歌。

朋友啊！千万不要被世俗红尘迷了双眼。到最后，也许只有那幽静深远的陋宅才是最终收留你的地方。

通过这篇寓言，我们或许应该重新认识一下蟋蟀。

我仿佛看到老实的蟋蟀正蜷曲着触须，躲在地洞门口，它的腹部贴着阴凉的土地，脊背对着阳光，享受着美好的生活。

是的，它没有去嫉妒蝴蝶美丽的外表。正如那些临街而建的房屋的拥有者，习惯对门前经过的衣着华丽却漂泊无依的路人露出同情一样，蟋蟀甚至有点儿可怜蝴蝶。

是的，我们也没有看到它怨天尤人，它对自己朴素而坚实的房子充满自信，它为自己拥有歌唱的能力而引以为豪。它更像一个看透了红尘俗世的隐士，偏安一隅，过着属于自己的安逸生活。

蟋蟀就是这样，朴实无华，却另有志趣。它一直在等待着，等待着得到人们的承认，尽管拉封丹曾在无意之间将它遗忘。

言归正传，从博物学家的角度来说，我对这篇寓言感兴趣是因为它描写了蟋蟀的住宅——地洞。

说到住宅，蟋蟀貌似是个异类。因为在所有的昆虫之中，唯有蟋蟀是在成年之后拥有完全属于自己的固定住所，而且完全是依靠它自己的真本事建造的。这也可能是很多人关注蟋蟀的住所的最重要的原因，甚至连不怎么关心现实的诗人都注意到了。

可别小看蟋蟀的洞穴，这在寒冷季节来临时显得格外重要。天气突然变冷的时候，大部分昆虫都会躲入地下，蜷缩在某一个临时的居所里。这些临时居所，因为得来轻而易举，所以放弃的时候它们也丝毫不惋惜。

基于这样的情况，很多昆虫的临时住所实际上是非常简陋而且千奇百怪的，例如棉布袋子、水泥小塔甚至是一片叶子都有可能成为它们的选择。

也有一些昆虫长期厮守在固定的地方，但是这些地方与其说是固定的住所还不如说是狩猎的陷阱。

而对于蟋蟀来讲，住所可不能糊弄了事。它对随随便便就能找到的住所没有兴趣。粗糙的天然洞穴根本入不了它的眼，它对住所的要求不仅地面要清洁，而且朝向要好。它总是先对住所的地址精挑细选，然后自己亲自设计，亲身挖掘，由里到外，仔仔细细。选址的睿智和筑巢的本领无不彰显着蟋蟀超高的智慧。

这样看来，在造房子的技巧方面，我看只有人类能与蟋蟀相媲美了。但是人类建造房子的能力也不是与生俱来的。要知道，我们的祖先也曾与野兽争抢过岩石下的居所和地洞。

我们或许会好奇蟋蟀的这种本领是怎么来的。难道它有什么强大的武器吗？不，你看看它弱小的挖掘工具吧！你会从心里更加佩服蟋蟀的。

那么，拥有这种天赋是因为蟋蟀特别脆弱，特别容易受到伤害，需要特别保护吗？不是。在与它相似的种类中，一些表皮更娇嫩的昆虫也习惯于露天生活。

当然，这也不是由蟋蟀不同的身体构造而自发形成的一种天分。我所知道的另外三种蟋蟀——双斑蟋蟀、独居蟋蟀和波尔多蟋蟀，就生活在我家附近。它们与田间蟋蟀长得十分相似，如果不仔细看，很容易发生混淆。

双斑蟋蟀的个头和田间蟋蟀差不多，独居蟋蟀则只有它们的一半大小，而波尔多蟋蟀则更小了。它们虽然和田间蟋蟀长得一样，但它们之中没有一个会挖洞的。

双斑蟋蟀喜欢居住在潮湿地带腐烂的草堆中。

独居蟋蟀则对园丁铁铲翻起的干燥土块的裂缝情有独钟。

而波尔多蟋蟀则是我们家里的常客，每年的八九月份，它们就会躲在某个凉爽的树荫下，为我们高歌。

不用再解释，大家就应该很清楚了。虽然一些昆虫在结构上十分相似，但是它们拥有完全不同的本领。就搭造巢穴这一本领而言，有些昆虫可以建造出复杂的房间，而有些昆虫则完全不会。而我们根本无法得知其中的奥妙，哪怕是运用解剖的手法，也找不到答案。

前面我们提到的那四种蟋蟀，它们的外形几乎一模一样，却只有一种蟋蟀会为自己挖掘洞穴。这就足以证明，我们对动物本能的了解，是多么匮乏。

小时候，我们都喜欢在草地上玩耍，也都见过田间蟋蟀这个独居者为自己修建的小屋。即使我们多么小心谨慎，里面的居住者也能在第一时间发现我们，它们会猛地逃窜到隐蔽的地方。所以，当你兴冲冲地跑到它们的家门口，却根本看不到它们的身影。

　　如何才能找到这个敏感的隐居者呢？其实有一种方法很简单。我们把一根稻草的秆伸进它的洞穴，然后搅和搅和，它就乖乖地从洞穴里爬出来了。开始的时候，它并不会急于出门，而是会在门厅里待上一会儿，用它那细长的触须打探一下是不是有危险存在。也可能是因为好奇，或者是被稻草秆给弄得浑身痒痒了，最后它才会出现在你的面前。

　　离开了洞穴的它，被我们抓住就变得很容易了。不过如果第一次你失手了，那么后面就比较困难了，它会死守在巢穴里面。你只有用一杯水把地洞淹没，才能把它赶出来。

　　此刻，我拿着钟形的网罩，在草丛中寻找蟋蟀的洞穴，我要抓获一些蟋蟀当作我的研究对象。我似乎又看到了以前孩提时候，把它们装在笼子里用莴笋的叶子来喂养它们的情景。

　　我清楚地记得，我的小助手——年幼的保尔，是捕捉蟋蟀的行家。他会熟练地使用稻草秆和洞穴里的蟋蟀进行长时间的对峙，然后他会一跃而起，合拢手掌，快活地喊道："我捉到了，捉到了！"想到这些，我的脸上情不自禁地露出了笑容。小蟋蟀，放心吧，你的生活会更美好的。不过在这之前，你还得告诉我一些事情，请你带我去你的家看一看，来满足我的好奇心吧。

蟋蟀在选择居住地这方面是十分讲究的，它会把家修建在阳光明媚的斜坡上的草丛中，这样雨水可以快速冲刷走它的排泄物。蟋蟀会给自己挖掘一条斜长的坑道，有十厘米左右的长度，粗细可以容纳一根手指。这个坑道也许是弯曲的，也许是笔直的，因地制宜。

一般会有一小丛绿草生长在洞口外，把洞口遮挡住。这丛绿草就像屋檐一样，不仅可以遮风挡雨，还能为入口处投下一道神秘的阴影。一般情况下，蟋蟀不会去动这丛野草。

洞口的入口处，略微向下倾斜，洞口内的道路被精心打扫过，十分干净。蟋蟀平常就待在这里。这里像一个观景台，当四周一片寂静的时候，蟋蟀就会在这里为我们演奏上一曲。

房子的墙壁是用泥土修建的，虽然是泥土，但被蟋蟀修理得很平整，因为它有很多时间来修补墙上的坑坑洼洼。这里虽然不十分华丽，但也并不粗糙。走廊的尽头就是蟋蟀的卧室了，卧室是凹进墙壁里的，仅有一个出口。卧室的墙壁最为光滑，而且卧室的面积也略微大一些。

这就是蟋蟀的住宅，它十分符合公认的卫生标准，既简朴又干净，而且十分干燥。别看这个洞穴的构造并不复杂，但是对于只有简单挖掘工具的蟋蟀来说，却是一个巨大的工程。

为了了解蟋蟀是如何完成这一壮举的以及它准确的动工时间，我们必须从蟋蟀还是一颗卵的阶段开始观察，这样就不会有所遗漏。

你只要有足够的耐心，就可以观察到蟋蟀产卵，而且并不需要其他的工具和别的准备工作。博物学家布封[1]曾经说过，耐心是一种天赋，而我在这一点上却没有什么优势，只能说是观察者的特殊技能。

观察的最佳时机是在四月份，最晚不能超过五月份。我把蟋蟀成双成对地放到事先垫好土的花盆里，并在花盆里放下一些莴苣叶作为它们的食物。叶子要保持新鲜，所以常常更换。同时我还在花盆上盖上一块玻璃片，防止蟋蟀逃跑。

钟形的金属罩，是捕捉蟋蟀的好工具，它让我知道了一些十分有趣的事情，这些事情我以后再详细描述。现在让我们全神贯注地观察蟋蟀产卵吧，一定不要错过任何细节哦。

在六月的第一个星期，我终于等来了激动人心的时刻。雌蟋蟀把它的产卵管垂直地插在土里以后便一动不动了。过了一段时间后，雌蟋蟀抽出了产卵管，并且耐心地抹去了泥土上的痕迹，然后再找一个新的地方继续产卵。于是，它在这边产一点儿，在那边产一点儿，这样它的卵就遍布了它生活的全部土地。雌蟋蟀的产卵行为在二十四小时后结束了，但我还是又多等了两天。

两天以后，我开始翻开泥土，寻找雌蟋蟀产的卵。为了不错过细节，我用放大镜仔细观察着土块。我发现，雌蟋蟀每次产卵的数

1　布封（1707—1788），法国博物学家，作家。

量并不相同，每一只雌蟋蟀总共可以产五六百只卵。这些卵呈圆柱形，大约三毫米长，颜色就和发黄的稻草一样。卵与卵之间并不相连，垂直排列在泥土中。这些卵都埋在大约两厘米厚的土层下面。接下来，一场残酷的淘汰赛在等着这个庞大的家庭。

蟋蟀卵是大自然的一个神奇之作。卵孵化后，卵壳就变成了一个不透明的套子，在卵壳的顶端有一个十分整齐的圆形的小口，小口的边缘连接着一个小帽作为盖子。这并不是新出生的小蟋蟀在推挤或者用牙齿剪切下裂开的，而是沿着卵壳上的一条天然的裂缝自己打开的。这是多么神奇啊，让我们一起来观看它们出生的过程吧。

又过了两个星期，蟋蟀产下的卵出现了细微的变化，在卵壳的顶端出现了两个黑红色的大圆点，而且颜色越来越暗。在这两个圆点的上方部位，有一个小小的环形凸起。我感觉到卵壳上正有一道缝隙在裂开。得知这一状况后，我就要更加注意了，而且观察的次数也更加频繁，尤其是在早上的时候。我知道，用不了多久，卵壳就会变得透明，这样卵壳内小家伙的孵化过程，就会一清二楚了。

我的付出终于有了回报，我终于盼来了我期待已久的一幕。在那环形凸起的地方，出现了一条细小的缝隙，幼虫正在用自己的额头拼命地推着卵壳的顶端。最后卵壳裂开了，小蟋蟀像是从潘多拉的宝盒里冒出来的小魔鬼一样，从里面钻了出来。

纯白色的，光滑完整的卵壳留在了原地，卵壳的上方是那个小帽子一样的卵盖。我们都知道，新出生的幼鸟，为了打破坚硬的蛋壳，会在喙的末端特意生出一个坚硬的小瘤子，这样它们可以用它猛烈地撞开蛋壳，获得新生。而蟋蟀的卵更加高级，只需要小蟋蟀用额头轻轻地一推，就可以轻松地打开卵壳的盖子了。

因为环境十分舒适，所以蟋蟀卵的孵化速度不快不慢，正好适合我用眼睛来观察。这对我来说，压力减轻了不少。夏至还没有到来，根据那些被我抓来养在花盆里的十对蟋蟀，我推算出它们的卵可以保持十来天的样子。

后来，我才发现，我上面关于小蟋蟀是怎么爬出来的说法，是很值得商榷的。因为这些刚出生的小家伙被一片薄鞘包裹着，所以模样很难辨认。我在研究螽斯的时候，就有过这样的推测，这些薄鞘应该是这些新生儿的襁褓。

一直以来，有个问题让我迷惑不解！蟋蟀是出生在地下的，当它们蜕壳而出时，它们那长长的触须和强劲有力的大腿，会不会成为它们脱壳的一种阻碍？所以我觉得它们应该有一层为脱壳而准备的膜。

我的推断是否准确，需要用事实来证明，目前来看我的推测还算准确，不过还有一部分没有得到证实。我看到，蟋蟀出生的时候穿着的那层保护膜，只是暂时的，当它从卵壳的出口出来的时候，那件衣服就被脱去了。

蟋蟀为什么和我观察到的螽斯不一样呢？我想了想，终于明白

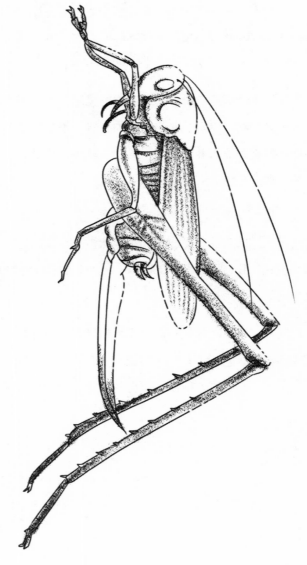

蝈斯

了其中的道理。在孵化之前，螽斯要在地下生活八个月的时间，而蟋蟀的卵在地下生活的时间则非常短。同时，蟋蟀的孵化季节大部分是夏季之初，那时候气候很干燥，土壤并不坚硬；而螽斯则不同，它生活的土壤经过雨水和冰雪的浸透，十分坚硬，这当然给它的破卵而出带来了很大的障碍。

个头上，蟋蟀也比螽斯小很多，同时也更粗壮，大腿也没有那么修长。而且母蟋蟀把卵产在接近地表的位置，所以它只需穿过一层薄薄的松散的泥土就可以了。而螽斯就没那么幸运了，它身居地下深处，八个月的风吹雨打让土壤变得十分坚硬。因此它要冲出黑暗，就必须有一件保护它的外衣。所以蟋蟀和螽斯的脱壳方法不一样。

可是，那件襁褓到底对蟋蟀有什么作用呢？它在破壳的时候就会脱去，好像没有实际意义。不妨从另一个角度来看这个问题，在蟋蟀的鞘翅下面，有两个发育不全的白色翅膀，这两个翅膀将来会成为蟋蟀的发声器官。它们看起来十分脆弱，而且除了发声似乎没有别的用途。这让我想起了狗，狗的脚掌后面有一个不会动的拇指，狗似乎从不用它，可它为什么还要存在呢？

要弄清这个问题，我们可以看一看我们身边的建筑。有时候建筑师会为自己的作品装上一些假窗户，这些假窗户与真窗户互相对称，以使建筑物看上去更美观。生命的进化也是如此，当某一个器官变得无足轻重的时候，大自然还是会保留下它的痕迹，从而让生命体变得更具美感。

狗那已经退化的脚趾是为了证明自己是高等动物；蟋蟀那发育不全的翅膀则是为了证明它曾经善于在天上飞行。蟋蟀还保留着那层褥裸，是为了证明自己曾经生活在地下。因为所有出生在地下的蝗虫类昆虫，都少不了这样一件保护衣。这些看似无用的器官或者别的存在物，都是大自然为了追寻它古老的过去而留下的一点痕迹。

白色的小蟋蟀在脱去薄膜以后，在挣脱了卵壳的束缚以后，就开始了另一项艰苦的斗争，那就是挣脱掩埋住它的那一层泥土。它们拼命用上颚顶，用后腿把沙土扫到身后，就这样用尽全力，终于到达了地面。它们终于要面对这个多彩的世界了，这里虽然有温暖的阳光，但是也有来自天敌的威胁。

小蟋蟀在天地之间，显得如此脆弱，它似乎只有跳蚤般大小。二十四小时以后，它身上的颜色就会发生变化，白色的外壳变成了黑色，这样更容易保护它的安全，白色太过显眼了。现在它已经和成年蟋蟀差不多了。

来到地面上的小蟋蟀很好动，它们一蹦一跳地去探索周围的世界。这也许是为了将来做打算，因为蟋蟀成熟以后，就很少再剧烈跳动了。我不知道该用什么食物来喂养这些小家伙，因为我一点经验都没有。我想当然地用鲜嫩的莴苣叶子来喂养它们，但不知道是不是它们太小的缘故，它们的口味和它们的父母完全不同，对这些"美食"视若无睹。

这十个蟋蟀家庭在短短几天里给我带来了极大的困扰，我不知道该如何去照料这五六千只小蟋蟀。我知道如果再这样下去，这些小家伙都会被饿死。所以尽管我舍不得这些漂亮的昆虫，但我还是决定把它们放归自然，让它们在自然母亲的怀抱里，快乐生活。

我带着这些小宝贝来到了我家的院子里，把它们分散地放养在院子中。我多么希望这些小家伙能茁壮成长，这样，来年我家的院子每晚都会上演音乐盛会。当然，我知道这是不可能的，因为这些小家伙大多数会被大自然残酷地淘汰，只有稍微强大些的蟋蟀才能幸存下来。

就像是我以前在研究螳螂的时候见过的场面一样，这些小家伙将会很快招来它们的天敌——小蜥蜴和蚂蚁。这些杀手对小蟋蟀毫不留情，它们会贪婪地捕杀这些小生命，一只都不会剩下。

想要流传千古并且为人熟知，最有效的办法莫过于做尽坏事。虽然在生活中，我们对蚂蚁总是充满了赞美之情，但是我们却很难想象它竟然是残忍如恶魔一般的虫子。

蚂蚁在很多的地方，与嗜血的库蚊、暴虐成性还长着毒针的黄蜂一样让人愤恨。在南方地区，蚂蚁会侵蚀房梁，破坏人类的房屋，人们对此毫无对策。而那些食粪虫和埋葬虫，它们虽然在大自然里扮演着举足轻重的清洁工的角色，但很少有人对它们报以热情。这让我得出了一个发人深省的结论：为善者默默无闻，作恶者却备受赞美。

屠杀的场面真是惨不忍睹，在这些刽子手的捕食下，五六千只小蟋蟀很快就被消灭得差不多了。看到如此结果，我也只好去野外继续我的研究了。

我不停地在枯叶堆中寻找，希望可以找到这些小家伙。终于，在没有被酷暑烤焦的一片小草地里，我发现了一只已经成长起来的小蟋蟀。这只小蟋蟀已经变得和成虫一样健壮了。作为一个流浪汉，也许一片枯叶，一块扁扁的石头，都是它们遮风挡雨的安乐窝。

这种流浪的生活一直会持续到仲秋。对于蟋蟀来说，一场新的大屠杀就要拉开序幕了。长着黄翅膀的飞蝗泥蜂开始捕猎蟋蟀，并且将它们储存在地下。如果这些蟋蟀早一些修建好自己的巢穴，就可以逃过此劫。而且它们的身体已经很强壮了，完全可以挖一个保护自己的巢穴。

但是这些蟋蟀，依然保留着祖先遗传下来的习俗，在野外流浪。虽然它们世世代代都在经历这样的惨痛教训，但是它们不吸取经验。它们的结局会如何，谁又能知道呢？

当寒潮席卷这片土地的时候，蟋蟀才开始修建自己的地洞。它们用自己吃剩下的莴苣叶子作掩护，代替原来掩护洞口的枯草，这样它们就不用暴露在光天化日之下工作了。从我观察的角度来看，这项工作似乎并不复杂。

让我们一起来看看它是如何修建自己的房屋的。它先用自己的前腿挖下一些土，再伸出它们钳子般的上颚夹出大块的砂砾，最后用强有力的后腿踩踏在土地上，一边倒退，一边耙地，把那些挖出来的泥土弄成一个斜面。

由于莴苣叶子下的泥土相对比较松软，所以这项工程在开始的时候，进展迅速。它一边倒退，一边扫土，只用了两个小时的时间，这个挖掘者就从地面上消失了。当工作累了的时候，蟋蟀会在自己新房的门口休息一下，头露在外面，触须微微颤动着，过一会儿再继续工作。随着蟋蟀休息的时间越来越长，我的观察也变得越来越松懈了。

住所终于初见规模，已经挖了七八厘米深的样子了。以后，蟋蟀每天会利用空余的时间来挖掘。随着冬天的到来，它的洞穴也会越来越深，越来越大。

冬天，如果是一个阳光温暖的中午，你会看到蟋蟀把挖掘出的泥土推出洞来。原来它的挖掘工作一直没有停止。哪怕是到了来年春天，它还是会继续挖掘，一直到它的生命结束。

四月的末尾，蟋蟀的叫声在田野里悄然开始了。一开始它还是浅吟地低唱，不久以后就变成了声势浩大的大合唱。我觉得蟋蟀是众多歌颂万物复苏的歌唱家中最好的一位。

现在正是百里香和熏衣草盛开的季节，百灵鸟会在田野间唱起春天的颂歌。蟋蟀和白灵鸟的演唱虽然并不复杂，却饱含了对大自然深深的热爱，哪怕是刚刚萌芽的种子和已经泛绿的青草都会被这歌声感动。那么，这两个大自然的音乐家谁更出色呢？我觉得应该是蟋蟀。因为不久之后，百灵鸟将会退到幕后，而蟋蟀则会在熏衣草的田间，在阳光下一直不知疲倦地唱下去。它的歌声是那么原始，那么质朴，却又那么令人感动。

昆虫小档案

蟋蟀

蟋蟀亦称"促织""素针儿""趋织""吟蛩""蛐蛐儿"。昆虫纲，直翅目。

据研究，蟋蟀是一种古老的昆虫，至少已有上亿年的历史。蟋蟀触角比体躯还长。雌性的蟋蟀产卵管裸出。雄性蟋蟀善鸣、好斗。蟋蟀种类很多，最普通的为中华蟋蟀，体长约二十毫米。

蟋蟀利用翅膀发声。在蟋蟀右边的翅膀上，有一个像锉样的短刺；左边的翅膀上，长有像刀一样的硬棘。左右两翅一张一合，相互摩擦。振动翅膀就可以发出悦耳的声响。

此外，蟋蟀的鸣声，不同的音调、频率能表达不同的意思。夜晚蟋蟀响亮的长节奏鸣声，既是警告别的同性禁止进入，又可求偶。当有别的同性进入其领域内，它便威严而急促地鸣叫以示严正警告。

　　雄虫遇雌虫时，其鸣叫声可变为"唧唧吱、唧唧吱"，交配时则发出带颤的"吱……"声。当两只雄虫相遇时，先是竖翅鸣叫一番，以壮声威；然后即头对头，各自张开钳子似的大口互相对咬，也用足踢，常可进退滚打三至五个回合。

螳螂的爱情

就我们所知的螳螂的习性，与它的名号给我们的联想是大相径庭的。"祈祷之虫"这样的名字，给人的感觉螳螂应该是一种安静祥和、潜心修行的昆虫，但我们认识的真实的螳螂却是凶狠的食肉动物——凶恶的幽灵。

问题是它还有更加令人害怕的地方，螳螂对待自己的同类，也能显现出极其残忍的天性来。在这方面已经臭名昭著的蜘蛛，也有些逊色。

为了多腾出一点办公的地方，我把桌子上的钟形罩移走了不少，但剩下的虫子也足够我做实验用。我经常把好几只雌螳螂——最多时一次十二只，一起放进同一个钟形罩下边。

虽然数量不少，但绝对还有相当的空间够它们活动，也不会影响它们的生长发育。更让我放心的是，这些挺着大肚子的家伙，从来也不太喜欢运动。大多数时间它们是趴在金属网的顶端。除了静静地消化食物之外，它们做的事情就是等候猎物的到来。即使在野外草地里它们也是这样的。

这么多螳螂住在一起，肯定要出事的！即便是驴子那么温顺的动物，在草架上没有了干草之后，互相之间也会暴躁地攻击同伴。更何况我关注的那些女囚徒，可是比驴子要不好说话得多。要是没了东西吃，它们肯定会暴跳如雷，相互厮杀。因此，我变得特别小心，让罩子里每天都有足够多的蝗虫让它们吃，一天至少要换上两次。在这样的情况下，如果它们再要发生内战，可就不关我的事了。

开头那段时间，罩子里的居民们还能和平相处，总体情况还不错，螳螂们只捕食来到自己领地的猎物，不会和邻居抢食。

没有多久，雌螳螂的肚子一天天变大了，卵巢里的卵串正在成熟，而交配和产卵的时间不会太远了。雌螳螂之间已经生出浓浓的妒忌心态，好在这里没有雄螳螂让它们争风吃醋。但卵巢无疑加剧了它们的情绪变化，促使它们进行疯狂的厮杀。

就这样，罩子里时刻上演着进攻、威胁、搏斗的场景，过程中还会出现幽灵一样的身姿，发出翅膀摩擦的声音，弯钩伸直举向天空的动作也经常能够看到。这种可怕的敌对状态，即便是灰蝗虫或白额螽斯在场的情况下也没有那么恐惧。

两只螳螂也不知道为什么就直起身子，在瞬间做好了战斗准备。它们不停地摇晃着大脑袋，挑衅的眼光也直直地射向对方，好像在相互谩骂，翅膀也在肚子上不停地摩擦着，"扑、扑"的声音不断传

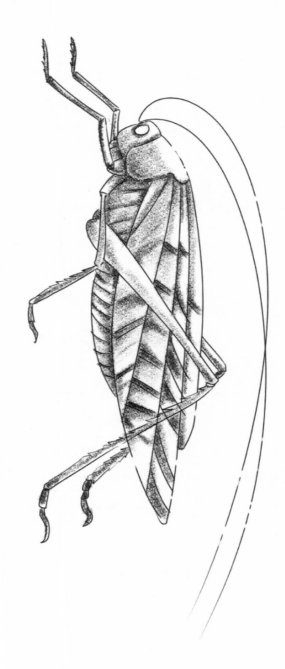

白额螽斯

来——就像战场上进攻的号角一般。

倘使这只是一场简单的挑衅，那它倒不会产生什么严重的后果。挑衅双方原本折叠在一起的锋利前爪会朝两边张开，停留在身体两侧，保护住自己的胸部。这顶多只能算是威武的姿势，一点儿不见那种让人感到害怕的你死我活的气势。

一只螳螂一侧的弯钩突然就打开了，掐住了对手。这个动作刚一完成，它马上就朝后退了几步，立刻又摆出了准备战斗的姿态，而它的对手也很快进入反击状态。这场争斗让我想起猫儿戏耍时的场景。

一只螳螂撤退、认输，并不是受了什么严重的伤害，有时候只是肚子上出了点血，更多的情况是它基本上没怎么受伤。胜利的一方，则会趾高气扬地撤离战场，收拾好自己的武器，蹲到别的地方，准备攻击猎物进食。不过千万不要被它平静的表面假象所蒙骗，它从没有放弃重新开战的准备。

多数时间里，战斗的结局不会只是受点儿轻伤这么简单，远比这个惨烈。它会把锋利的前爪高举向天空，多么可怜的战败者啊。它的对手就用钳子把它死死钳住，摆出来一副马上开吃的样子，还是从它习惯的颈部位置下口。

就像螳螂吃的不是同类，而只是一只蝈蝈儿一样，这场令人心惊的大餐在一片安静中进行着。那个安静的吃客就像在品尝美食一般，品尝着它的姐妹。边上没有螳螂站出来表示反对，这也很正

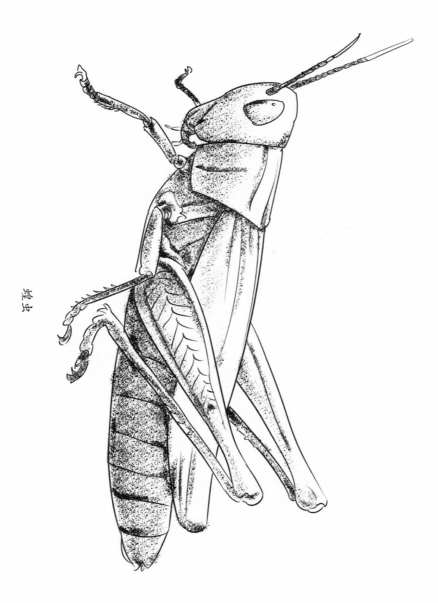

中华稻蝗

常，现在它们只是没机会而已，逮到机会它们也会这么做的。

不得不说螳螂是种十分残忍的虫子，而据我所知即使凶残如狼也不会以自己的同类为食。但螳螂可不管这些，它还是会选择将同类吃进肚子，哪怕它的边上遍布它爱吃的蝗虫。这种令人发指的怪癖，就像某些人会吃人肉一样。

处于孕期的螳螂的反常行为和稀奇的举动，有时会进一步加剧人们对它们的反感程度。

不妨来看看它们是怎样进行交配的吧！

我把成对的螳螂挨个装进不同的金属罩子里，目的是避免一个群体的成员过多从而引起混乱。这样，每对"小夫妻"都有自己的地盘，根本不用担心受到打扰。另外，我也会为它们提供足够多的食物。

八月底了，瘦小的雄螳螂机会来了，开始向高大的异性频频献媚。它挺起它的胸膛，歪着脖子，转过头去不断地向雌螳螂示好。这时候的雄螳螂和处于热恋时期的人没有什么差别，也会像人一样长时间保持同一个动作，好像要告诉对方自己的忠诚和耐心一般。

雌螳螂则像个高傲的姑娘，冷眼看着小伙的一举一动。但最终，小伙子还是得到了爱的回音，回音的方式并不为人所知。只见雄螳螂慢慢地走过去，抖动着自己的翅膀，内心沸腾地进行着爱的告白。它一下子将高大的女友压到了瘦弱的身体下边，死死贴住。一般情况下，这样的前戏会持续一段时间。这样之后才是正式的交尾，时间有时长达五六个小时。

我并不会对这对配偶间的交尾致以特别的关注。它们完事之后就分开了。但不久之后它们又贴在了一起，好像分别了很久的情人一般。在雌螳螂的眼中，雄螳螂不过是个工具而已——它的精子能给卵巢中的卵生命力，这之后它还是雌螳螂的口中美味。

交配完成的一瞬间，最迟不超过第二天，雄螳螂就将献上自己的生命。雌螳螂会从颈部开始下口，慢悠悠，怡然自得地享受这美食，一直到只留下一对干巴巴的翅膀。这已经超越了雌螳螂此前的争斗，完全是一种让人厌恶的不良癖好。

我的好奇心驱使我做了一个实验，以了解受精过后的雌螳螂对另一只雄螳螂会有什么举动。实验证明，雌螳螂一直对异性的拥吻和婚后的美味保持着高度的热情。不管是否产卵，只要它获得了一定的休息时间，它就会接受另一只雄螳螂的求爱，并再次上演亘古不变的吃食同类的惨剧，第三只、第四只……每只的命运都是如此。

在两个星期的时间里，我统计到有七只雄螳螂成了同一只雌螳螂的口中餐。雌螳螂先是假惺惺地对追求者报以好感，接着就残忍地让它们为这短暂的身体上的快乐付出了生命的代价。

雌螳螂经常干这样的事情，差别在于残忍的程度不同。天气炎热的时候，这种自相残杀的惨剧就会天天上演，因为这个时候它们无法控制自己的情绪。在那个金属罩子里，它们比以往更加不遗余力地进行着博弈，雄螳螂在贡献完自己的精子后，最终很难逃脱变成雌螳螂美食的命运。

我不愿意相信雌螳螂是如此的残暴，就劝慰自己，兴许是罩子里有限的空间限制了雄螳螂的逃跑，或许在野外的话这样的场景就不会上演。要知道即使是在罩子里，有的雄螳螂也会到第二天才会迎来命运的终结。

但我并不清楚野外发生的事情，我所作的判断全部以我的眼睛所见作为依据，它们在野外进行的交配我没能见到。我只了解罩子里的情况，它们在这享受着阳光浴，丰衣足食，房子也宽敞，这样的场景和它们在野外的生活不见得有什么差别。

我宽慰自己野外的场景不会发生这样的行为，但很快被罩子里发生的事情定性为完全错误。我看到一对螳螂，独处在同一个罩子里。雄螳螂为了繁衍后代被雌螳螂短暂收留，它没了头也没了脖子，甚至于胸部都没了，却依然保持着拥抱自己伴侣的姿势，而雌螳螂继续撕咬着可怜的伴侣的肩膀，视吃掉它为天经地义。让人恐惧的是，雄螳螂仅剩的一部分身体还是抓着自己的妻子，以完成自己的"使命"。

生命诚可贵，爱情价更高。我所见到的这一幕就是极好的证明。一具没了头、残存着翅膀的尸体，依然还在坚持，一直到雌螳螂把它生殖器所在的腹部吃完，这项工作才算完结。

交配完成之后，雄螳螂已经没有了任何作用，这时候雌螳螂拿它当成美食吃掉——这样的行为如果说可以理解的话，那么吃掉正在进行交配的丈夫则是我怎样都无法理解和接受的。然而这是我亲眼所见，我不得不承认，我被这样的现实惊呆了。

雄螳螂在交配的过程里被突然抓住后，能及时逃掉保住生命吗？答案似乎是否定的。螳螂和蜘蛛一样，进行的是悲剧式的爱情，这一点恐怕螳螂更甚。一个不容忽略的事实是，罩子里狭小的空间阻碍了雄螳螂的逃跑，但它生命终结的原因并不在此。

这或许是从某个地质时期就留下来的古老习俗。石炭纪的时候，昆虫就在交配中显现了自己的雏形。包括螳螂在内的直翅目昆虫是最早出现的昆虫，它们野蛮，没有发育好，在丛林里盲目地生活繁衍。

那时候，精细如蝴蝶、金龟子、苍蝇、蜜蜂之类的昆虫都还没出现呢。在那个为了创造后代哪怕牺牲自己也在所不惜的年代，昆虫可是凶残不已的。令人惋惜的是，螳螂的这种习性一直持续到了现在，这种爱情的悲剧千百年来一直如此。

雄性螳螂被吃掉的事情也发生在螳螂家族其他成员身上，我宁愿相信所有螳螂都是如此。娇小可人的灰螳螂，在居民众多的罩子里并不会和其他伙伴闹矛盾，但它把配偶吃掉这样的残忍行为，和普通螳螂没有任何区别！

雌螳螂这样快速地残杀异性，让我在奔波着为她寻找新的伴侣的过程里心生倦意，一只刚放进去的雄螳螂很快就会被雌螳螂当作食物吃掉。雌螳螂需要的只是交配的欲望，而这种欲望一得到满足，它就会拿雄性当作美味的食物吃掉。

昆虫小档案

螳螂

螳螂是昆虫中体型偏大的，身体为长形，多为绿色，也有褐色或具有花斑的种类。螳螂的标志性特征是有两把"大刀"，即前肢，上有一排坚硬的锯齿，末端各有一个钩子，用来钩住猎物。

螳螂的头呈三角形，能灵活转动；复眼突出，大而明亮，单眼三个；触角细长；颈可自由转动；咀嚼式口器，上颚强劲。

螳螂的前足腿节和胫节有利刺，胫节镰刀状，常向腿节折叠，形成可以捕捉猎物的前足。

前翅皮质，为覆翅，缺前缘域；后翅膜质；臀域发达，扇状，休息时叠于背上。

螳螂属于捕食性昆虫，喜欢捕捉活虫，特别是运动中的小虫。雌性螳螂的食欲、食量和捕捉能力均大于雄性，雌性有时还能吃掉雄性。据科学家推测，雌螳螂在交配时吃掉雄螳螂是为了补充能量。

螳螂在全世界的分布极广，除极地外，五大洲均有。螳螂大多生活在热带地区和温带地区。夏季，在城市的路灯下经常能见到螳螂，因为那里是蚊子密集的地方。

神奇的黄蜂

在九月的某一天，儿子保尔突然对我说，他想去看一看黄蜂的巢。虽然这种小动物有些危险，但是看着保尔跃跃欲试的样子，我还是同意了。

小路两边的风景很好，保尔特别专注地在路的两边寻找蜂巢，虽然好久没有结果，但看到了很多别的昆虫，我一一把那些昆虫的故事讲给他听。

突然，小保尔用手指着不远的地方对我喊道："快看！那边有很多黄蜂，会不会有蜂巢呢？"

我顺着小保尔手指的方向看去，见地上有一些昆虫移动得非常快。它们一只接着一只从地面上的一个裂缝里爬出来，然后飞跃而起，迅速朝着远方飞去。这景象让我意识到那里隐藏着一个即将喷发的小火山口，这些小黄蜂就是被一只接着一只喷出来的。

我和保尔小心翼翼地向那个地方靠近，生怕自己一不小心惊动

黄蜂

了这些忙碌的小动物。别看它们体型不大，如果它们感觉自己遇到了危险而发动进攻的话，那后果将不堪设想。

走到附近，我们看到，这些小东西进进出出的地方是一个圆形的裂口。裂口不是很大，大约可以容下一个人的拇指。就是这样一个不起眼的小洞，许许多多的黄蜂，进进出出，来来去去，在那里不停地忙碌着。

为了看得更仔细一点，我想靠得更近一些。突然我意识到，保尔就在我身边，而现在我们正处在一个十分危险的境地。如果我们继续靠近，就会让这些黄蜂感到不安。它们会把我们当作不受欢迎的客人，从而招来大批的黄蜂战士攻击我们。

我和保尔牢牢记住那个地方，准备等太阳落山时再来这里看看。那个时候，这个巢穴里的居住者应该都从野外回来了。

如果你觉得自己可以轻易征服一座黄蜂的巢穴，那显然是十分愚蠢的想法。回到家，我准备了半品脱石油、一根三十厘米长的空心芦管以及一块黏性十分好的黏土。保尔好奇地看着我，我对他说："这是我们的全部武器。"

保尔有些半信半疑地看着我，我知道他一定觉得很奇怪，这些简单的东西怎么能抵挡得住那些体态灵活的黄蜂呢？但事实会告诉他，这些简单的东西，加上一些日积月累的经验，将会是最好不过的武器。

这次制服黄蜂，我准备使用"窒息法"。其实还有一种可以捕捉黄蜂的方法，但是我不准备使用，因为那需要做出很大的牺牲，冒更大的风险。记得有位科学家曾经想把一个带着活黄蜂的蜂巢放到玻璃匣子里观察，这样他可以更好地观察黄蜂的生活习性。不过把蜂巢放到玻璃匣子里这一危险的过程，并不是他亲自完成的。他雇佣了一个帮手协助他进行试验。这个帮手为了获得丰厚的报酬，情愿牺牲自己的皮肤。我显然没有这样的勇气，所以还是选择更为保险的"窒息法"。

在去挖蜂巢之前，我仔细考虑了一下我的计划。我要先将蜂巢里的居民全都封住，让它们窒息而死，这样死去的黄蜂就没有威胁了。这虽然是一个十分残忍的方法，但十分安全，可以让我和保尔不至于身处险境。

选择石油做窒息用的材料，是因为石油对黄蜂并不是绝对致命的。这样也许会有一部分黄蜂能存活下来，这对我的观察是十分有帮助的。把石油倒入有蜂巢的地穴中，这是一个技术活。黄蜂的出入通道大约有三十厘米长，而且差不多是和地面平行的，直达地下的蜂巢。

如果把石油直接倒入洞口，这将是一个十分愚蠢的做法。为什么这么说呢？倒入洞口的石油会有一部分被泥土吸收，无法全部抵达地下的蜂巢。这样，第二天我们会天真地认为地下的黄蜂已经全部窒息而死，掘开蜂巢一定很安全。于是我们就会犯下大错！愤怒的黄蜂会随着巢穴上的土被挖开而倾巢出动，后果不堪设想。

我准备的三十厘米长的空芦管可以帮我们避免这样的不幸发生。

把空芦管插入隧道里面，就形成了一个导管，石油可以顺着导管流入到土穴中，一点儿也不会浪费。然后我们再用事先准备好的泥土封住洞口，这样我们就断了黄蜂的后路。剩下的，我们只需要耐心等待就可以了。

晚上九点钟的时候，我们把一切都准备妥当了。保尔和我一起前往白天找到蜂巢的地方。那一晚的月色有些昏暗，我们点了一盏灯照明。田野里并不安静，远处农家的狗在不停地吠叫着，猫头鹰在橄榄树的枝杈间轻声地嘀咕着，蟋蟀在草丛中不停地演奏着悲壮的交响乐。

保尔很少在深夜外出，所以显得格外兴奋。他不停地向我询问着各种昆虫的生活习性。我见他这么有兴致，就把我所知道的，尽量讲给他听。这是一个快乐的夜晚，愉快的聊天让我们忘记了瞌睡和即将要被黄蜂攻击的危险。

即使有芦管的帮助，向地穴里倒石油也是个技术活。因为没有办法判断孔道的方向，我们必须小心地用芦管来回试探。虽然我们的动作已经很轻了，但是还是很容易惊动负责保卫蜂巢的黄蜂。它们会毫不留情地向我们的手臂进攻。

为了防止这些忠诚的卫兵的骚扰，我让保尔站在一旁，叫他警惕黄蜂的动向，并且用手帕不停驱赶这些进攻者。因为保尔的努力，大部分警卫都被保尔赶走了，但依然有一只漏网之鱼在我的手上蜇了一下。被蜇的地方很快就鼓起了一块，很疼，但对我来说这已经是很理想的情况了。

石油顺着芦管缓缓地流进了土穴。没过多久，我们就听到地下传来蜂群惊慌失措的轰鸣声。我赶紧用黏土把黄蜂进出的孔道封死，并用脚使劲儿踩实，这样这个洞穴里的黄蜂就无路可逃了。干到这里，我今晚的工作就算全部完成了，剩下的事情要等到第二天早上再做。

第二天一早，我和保尔就带着锄头和铁铲来到了昨晚已经堵死的黄蜂巢穴前。保尔问我为什么要这么早出发。我对他说，因为有可能还有一些黄蜂昨晚并没有回到蜂巢居住，它们早上会回来。如果我们在挖掘黄蜂巢穴的时候，遇到这些夜不归宿的家伙，那后果不敢想象。而早上的冷气，可以让它们变得不再那么凶狠。

在黄蜂的巢穴前，我们看到芦管依然还插在那里，但是里面的嗡嗡声已经听不到了。我和保尔在附近挖了一条壕沟，壕沟的宽度刚好可以容下我们两个人，然后我们从沟道的两边开始挖掘。为了不破坏里面的蜂巢，我们挖得十分小心。大约挖了半米深，蜂巢就露了出来。看到它完好无损地吊在土穴的屋脊当中，我和保尔都很开心。

这真是一个奇迹！蜂巢就像是我们在万圣节悬挂的南瓜灯笼。除了蜂巢顶部有一部分和洞穴相连，其他的地方全都是悬空的。在蜂巢的顶部有许多植物的根系，这些根系大多是茅草的根。这些根系和蜂巢连接在一起，十分坚固。我知道，如果蜂巢建在土质比较软的地方，那么蜂巢的形状就会是一个球形；如果建筑的地方是砂砾，那么蜂巢的形状也会随之变化，但是唯一不变的就是蜂巢的坚固程度。

在蜂巢的下部，这些建筑师们常常会留下一块手掌宽的空隙，这就是它们的街道。黄蜂们可以在街道上自由行动，这些勤劳的建筑师会不停地有条不紊地进行它们各自的工作。它们会让蜂巢变得更大、更牢固。通向外面的孔道也和这里连接，我们可以看出来这条街道有多么重要。

在蜂巢的下面，还有一块更大的空地，黄蜂们把它修建成圆球形状，这看起来就像是一个大圆盆，而且这个圆盆会随着蜂巢的扩大而扩大。黄蜂为什么会修建它呢？原来这里是黄蜂的废品处理厂。看来这个王国的基础设施还是很完善的。

这么宏伟的建筑，全是黄蜂们用它们那纤细的手脚，一点儿一点儿挖掘出来的。你也许会怀疑，但这真的没有必要，因为在大自然中是没有这么天然的、整齐的洞穴来供黄蜂居住的。

这个蜂巢的第一个奠基人，也许是利用了鼹鼠的洞穴，但这只能让它开始的建筑工作变得轻松一些，然后剩下的工作就都是由黄蜂自己来完成的。但是我们并没有在蜂巢的门口看到它们因为扩建而挖掘出来的泥土，那这些泥土都到哪里去了呢？原来泥土都被黄蜂悄悄地丢弃到了遥远的野外。

参加建筑蜂巢的成千上万的黄蜂，在飞到外面去的时候，身体上都会附带一些土屑，然后它们会飞到距离巢穴很远的地方把土屑扔掉。所以在蜂巢的附近，我们看不到泥土的痕迹，这让整个蜂巢看起来，又干净，又不惹人注意。

建造黄蜂巢穴的材料很特殊，这种材料不仅薄，而且柔韧性十分好。这种材料的主要成分是木头的碎屑。它们看起来像是一张棕色的纸，只不过上面有一条条的带子。因为所用的木头不同，所以颜色也会有所差异。这些材料虽然可以抗寒，但是效果却并不好。

黄蜂就像是一个出色的设计师，它们知道空气可以帮助它们保温。于是黄蜂会把它们的巢做成鳞片的形状，这样层层叠叠的鳞片蓬松开来，就像是一张厚厚的毛毯。它们中间含有大量的空气，这样即使外面十分寒冷，蜂巢内还是会保持舒服的温度。

蜂群的领导者，也就是蜂王，是最初的设计师。它在杨柳树干的空隙中，或者是枯树的空壳层里，把木头一点儿一点儿弄成碎片，然后做成薄薄的、看似很脆弱的黄色纸板。黄蜂就是利用这种材料，把自己的巢穴一层一层地包裹起来。

黄蜂的这一举动，和我们人类所学习的物理学与几何学原理几乎不谋而合。它们会利用空气——这个大自然的不良导体来保持自己家的温度。它们在人类还没有发明毛毯之前，就已经为自己的巢穴做出了精美的保温层。而且它们又是技艺精湛的工匠，在建筑蜂巢的时候，只要一块极小的地方，它们就可以建造出许多房间，而且每个房间的空间都非常科学。

然而当我惊叹于它们在建筑上的神奇智慧时，我又不禁陷入沉思。我发现，这些能工巧匠在遇到一些我们认为很小的困难时，往

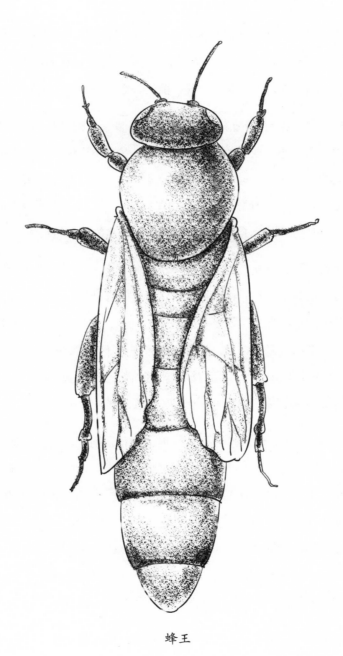

蜂王

往往会束手无策。我很奇怪，为什么它们有时候可以像科学家一样无所不能；而有时候，它们又像是行尸走肉一般毫无智商。保尔问我为什么会这么说，我给他讲了我以前的一个实验。

有一次，我发现一群黄蜂把家安置在我家花园的路旁，于是我决定做一个我想了很久的实验。我想用一个玻璃罩子罩住黄蜂巢的出口，看看这些小工程师能不能找到解决的办法。在田野里，这种实验是不好做的，因为孩子们会发现并且破坏我的实验装备。而此时在我家的花园里有了这样的一个蜂巢，真是绝好的机会。

等到天黑的时候，我看到黄蜂已经陆续回家，于是我把蜂巢出口处的泥土弄平，然后用一个玻璃罩子罩在了上面。我很好奇第二天会发生什么状况。当飞行受到阻碍的时候，黄蜂们会不会开辟出一条新的路径？在我看来，这对它们来说并不是一件难事，因为它们毕竟可以挖掘出一个广阔的洞穴来建筑自己的蜂巢。它们只需在泥土和玻璃的连接点挖出一个很短的地道，就可以获得自由。

第二天早上起来，我迫不及待地来到花园附近的蜂巢旁边，我看到温暖和煦的阳光，已经照到了玻璃罩子上。黄蜂们已经成群结队从地下飞了上来，它们急于要去寻觅食物。可是它们刚一起飞，就撞到那个透明的"墙壁"跌落下来。它们并不气馁，不停地尝试，丝毫没有想要放弃的意思。其中有一些黄蜂因为不断尝试消耗了太多的体力，它们烦躁地在地上乱飞一阵，然后又回到地下去休息一阵，等恢复体力了再出来替换那些疲惫的战士。

随着时间的流逝，太阳变得越来越毒，温度越来越高，但是玻璃罩子里的黄蜂还是没有找到出路。要知道高温可是它们的天敌啊。但是始终没有一只黄蜂在玻璃罩的边缘挖掘一下泥土，开辟出一条逃生之路。我不禁想，它们的智慧是多么有限啊。

正当我觉得它们束手无策的时候，少数在外面过夜的黄蜂回来了。事情似乎出现了转机。那些从野外归来的黄蜂，围绕着玻璃罩子盘旋飞舞，它们一定很奇怪，为什么看得见巢穴的入口却飞不进去。

突然有一只黄蜂飞到了玻璃罩子的边缘，开始挖掘罩子边缘的泥土。外出归来的其他黄蜂也学着它的样子开始挖掘。

很快，一条新的通道被开辟出来了，外面的黄蜂迫不及待地冲了进去，终于回到了自己的家。

我又用泥土把这条新修的道路堵住，我觉得这些黄蜂当中，已经有几位找到了解决问题的方法，它们应该可以帮助里面的囚徒获得新生。我期待那些黄蜂能够冲出我安置的牢笼，回到大自然中。

然而，事实却并不是这样。我失望地发现，里面的黄蜂居然没有从那些成功者的身上学到一点儿东西。它们根本就没有想到挖掘地道的办法。而那些进来的黄蜂，也似乎忘记了自己是怎么从外面进来的，它们也加入到了这群恐慌者的队伍中，毫无计划、毫无目的地和它们一起乱飞乱撞。

我就这样一直把玻璃罩子盖在黄蜂的出入口处。每天都有很多黄蜂死于饥饿和高温之下。

一个星期以后，这个巢穴里的百万大军全军覆没了。巢穴内铺满了它们的尸体，十分惨烈。

　　为什么从田野返回的黄蜂可以开辟出新的道路顺利回到自己的家中，而回去以后又找不到出路了呢？难道是一瞬间的灵光乍现然后又瞬间遗忘了？当然不是，因为外出归来的黄蜂可以在泥土外面嗅到蜂巢的信息，并且会根据信息去寻找它。这是黄蜂与生俱来的一种本领，是它们想方设法回家的本能。

　　这是黄蜂的本能！从它们降临到这个世界开始，自然界的一切天然的阻碍和困难，对于每一只黄蜂而言都已经很熟悉了。这些信息从它们出生的那一刻起就复制到了它们的身体里。

　　但是对于这些被我用玻璃罩子罩住的黄蜂而言，就没有这种本能来帮助它们获得自由了。

　　被玻璃罩子罩住的黄蜂，它们的目的很明确，那就是要飞到阳光中去，到野外去寻找食物。它们通过玻璃罩子能够看到阳光，却看不到阻隔它们的玻璃，所以它们被困住了。但透过玻璃的阳光使它们看到了无限的希望，所以它们在不断努力，一往无前，即使不断与玻璃相撞，也毫不退缩。它们只是想飞得再远一些，去寻找食物，它们可能以为是自己飞行出了问题，绝对想不到是有人给它们增加了障碍。没有任何经验来指导它们遇到这种情况该怎么处理，于是它们陷入了死胡同。它们没有想到任何别的办法来应对这种突发状况，只能依靠自己的习惯，所以生的希望对它们来说越来越小，最后只能无奈地走向死亡。

昆虫小档案

黄蜂

黄蜂又称为"胡蜂""蚂蜂"或"马蜂",是一种分布广泛、种类繁多、飞翔迅速的昆虫,例如木胡蜂、雪松木胡蜂及寄生树黄蜂。黄蜂属膜翅目之胡蜂科。

雌蜂身上有一根有力的长螫针,在遇到攻击或不友善干扰时,会群起攻击,可以致人出现过敏反应和毒性反应,严重者可导致死亡。

黄蜂成虫时期的身体外观亦具有昆虫的标准特征,包括头部、胸部、腹部、三对脚和一对触角;同时,它的单眼、复眼与翅膀,也是多数昆虫共有的特征。此外,它的腹部尾端内隐藏了一支退化的输卵管,即有毒蜂针。

黄蜂通常用浸软的纸浆般的木浆造巢,食取动物性或植物性食物。

黄蜂的生活习性

如果我们像外科医生那样，对蜂巢进行解剖，我们首先会打开外面那一层厚厚的保温层，接着我们会看到许许多多的蜂房。那些六边形的蜂房，上上下下紧密地排列在一起，它们中间由一根稳固坚实的柱子紧密地连接在一起。

蜂房的层数是不一定的，在一段时间以后，蜂巢会扩张成十层或者是更多一些。每一个小房间的入口都是向下的。在黄蜂的世界中，幼蜂无论是吃饭还是睡觉，它们的头都是朝向地面，倒挂金钟似的生长着。

一层一层的蜂房中间，有一些通道把它们分隔开。在蜂巢外壳与蜂房之间，有一条道路与蜂房的各个部分相通。这里有许多忠诚的看护者进进出出，它们负责照顾蜂巢中的幼虫。

蜂巢的大门就矗立在蜂巢外壳的一边，这是一个没有什么特别装饰的裂口，隐藏在被包裹着的鳞片之中，黄蜂的世界就这样与世隔绝了。

与蜂巢大门相对的，就是从地穴通向美丽大自然的隧道的进出口。黄蜂的城堡是如此的井然有序。

在这个庞大的家庭中，生活着数量众多的黄蜂，这些黄蜂的一生都投入到了这个王国的建设事业中。它们的主要职责就是当蜂巢中的人口不断增加的时候，不停地扩建蜂巢，以便让新的黄蜂入住其中。尽管除了蜂王这些黄蜂都没有生育能力，但是它们无微不至地呵护着巢穴中的幼虫。

临近冬天的时候，我在想：黄蜂的巢穴里又会发生什么事情呢？为了能够更好地观察这些黄蜂的生活习性，在十月份的时候，我把少许的蜂巢放在我自己搭建的一个盖子下面。这一小部分蜂巢里面，居住着许多的幼虫和还没有孵化成幼虫的卵，并且还有一百多只工蜂在细心地照看着它们。

为了观察的方便，我将蜂房分隔开来，让每个房间的窗口都朝向上面，然后并排放好。这样完全颠倒的生活，好像并没有给我的囚徒带来任何麻烦。它们很快就适应了这里的环境，恢复到了以前的忙碌状态，开始有条不紊地工作着，好像没有任何事情发生过一样。

我用蜂蜜来喂养它们，当它们需要扩建蜂巢的时候，我就送给它们一些软木头。我用一个巨大的泥土做的锅来代替以前用来隐藏它们蜂巢的土穴，在泥锅的锅口我用纸板做了一个可以移动的盖子。当我需要观察的时候，只要移动盖子，就可以把里面看个一清二楚。而盖上盖子，又可以让黄蜂的巢穴隐藏在黑暗当中。

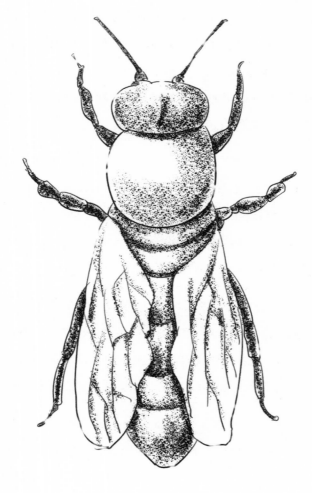

工蜂

恢复平静以后，这些黄蜂就开始它们的日常工作了。工蜂不仅要照顾好蜂巢内的黄蜂宝宝，而且还要不断加固它们的房子。为了让房子更坚固，众多黄蜂众志成城，开始慢慢地修建一个新的壁垒。这个壁垒可以保护好它们的蜂房。

一开始我以为这些工蜂会把我破坏的蜂巢旧外壳修整好，后来我发现我错了。它们是要修建一个新的外壳。这是一项十分繁重的工作，工蜂们从我破坏的那个蜂巢的缺口开始修建，忙忙碌碌，仿佛不知道疲倦一样。

很快它们就修筑起一个弧形的鳞片似的屋顶。这个屋顶遮盖住了大约三分之一的蜂房。我想如果我没有破坏以前的蜂巢的话，那么这个新的屋顶就会和外壳连接起来。而现在它们修建的屋顶还不够大，不足以遮盖住整个蜂巢，只能隐藏一小部分而已。

我事先为它们准备好的软木，它们根本就没有打算去用，甚至连看都没有看一眼。我想，也许我准备的材料，用起来太费力了。黄蜂把目标锁定在了那已经荒废了的旧巢穴上，选用废弃的旧巢来做修建新巢的材料。旧巢穴的纤维完全可以再次被利用。黄蜂已经学会使用拿来主义了。它们只需要用少量的唾液，咀嚼几下废弃的蜂房，废弃的蜂房就变成了糨糊，这些糨糊就是修建蜂巢的绝佳材料。

接下来，这些黄蜂把它们那些已经不居住的小房间统统毁掉，然后利用这些破碎物制作成一个棚顶一样的东西。如果它们愿意，它们会再次利用这些旧巢穴，建造出新的房间。

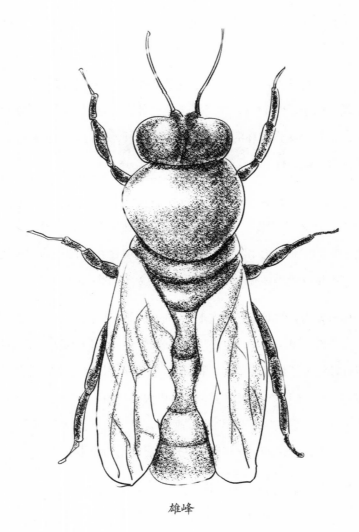

雄蜂

与繁重的修建蜂巢的工作相比较，照料幼蜂可谓有意思多了。原本凶猛粗暴的战士，摇身一变，一下子就成为了温柔体贴的小保姆。看到它们精心照顾幼蜂的样子，谁还会觉得它们是恐怖的杀手呢？也正是这样的转换，让本来充满了恐怖的蜂巢，立刻变得温馨起来。这真是一件十分有意思的事情。

黄蜂的幼虫，十分柔弱可爱，要想照顾好这些娇嫩的幼虫，可不是一件容易的事情，需要相当的耐心来完成这项细致的工作。

我们看看这些小保姆是如何照顾这些小宝宝的。它的嗉囊里储藏了满满的喂养幼虫的蜜汁。它停在一个小房间的门前，把头慢慢探入洞口，用它的触须轻轻地碰一下里面的那个幼虫。幼虫得到这种信号以后，似乎知道美餐就要来了，它马上从沉睡中醒了过来，然后张开小嘴等待着。

这时候的黄蜂幼虫，特别像一只刚刚出生的、羽毛尚未丰满的小鸟，正在焦急地等待着辛辛苦苦为它们觅食归来的母亲。

这是黄蜂幼虫与生俱来的本能反应。虽然是本能，但还是有很大的盲目性，它一次次地向洞口外的黄蜂试探着，希望能找到可口的食物。

很快，黄蜂幼虫的急切心情终于得到了回报，黄蜂和黄蜂幼虫的嘴碰到了一起。一滴蜜汁从黄蜂保姆的嘴里流了出来，被喂到了黄蜂宝宝的嘴里。虽然只有一点点，但是已经足够这只黄蜂宝宝享用了。

给这只黄蜂宝宝喂食完之后，黄蜂保姆就向第二只黄蜂宝宝跑去。就这样，这些黄蜂保姆，每天都在马不停蹄地忙碌着，履行着它们神圣的职责。

黄蜂宝宝从它们的保姆那里口对口得到食物以后，享受到了大部分的蜜汁，但是它们的进食并没有结束，因为它们还没有享用完全部的美食。

在黄蜂喂食的时候，幼虫的胸部会膨胀起来，就像是一块围嘴一样，从嘴里流出来的东西会滴落在上面。等黄蜂保姆走后，幼虫还会在自己的颈部舔来舔去，吸吮着这些滴落下来的蜜汁，从而不让食物有一点儿浪费。等蜜汁被吸食干净以后，幼虫那膨胀的胸部就会收缩回去。然后，它们就会缩回到自己的小房间，继续睡觉。

在我安置的蜂房中，黄蜂在喂养幼虫的时候，幼虫的头是朝上的，从它们嘴里遗漏出来的食物，自然会滴落在它们那鼓胀的胸部。可是如果在野外的蜂巢呢？要知道，在野外蜂巢里的黄蜂小宝宝的脑袋是朝下的。但是我对我的推断十分肯定，即便是那样，幼虫那像围嘴一样的胸部依然会发挥同样的作用。

通过观察我发现，幼虫在蜂巢中的时候，它们的头不是直的，而是略微的有一点弧度。从它们嘴里溢出的蜜汁，依然会堆积在那块小小的围嘴处，而且蜜汁十分黏稠，会很轻易地附着在围嘴上。黄蜂保姆甚至很有可能会多放下一点儿食物，供幼虫享用。所以无论黄蜂幼虫的头是朝下还是朝上，那块围嘴不管是在嘴的上边还是在嘴的下边，都可以充分发挥它的作用。

蜂蜜具有很强的黏性，可以牢牢地附着在围嘴上。这个像小盘子一样的围嘴，可以为黄蜂保姆在喂食的时候提供很好的便利条件，让它们又省力又省时。而且围嘴还可以为幼虫提供一个舒适的就餐环境。同时它也可以控制黄蜂幼虫的饭量，不让黄蜂幼虫因吃得太饱而夭折。

在野外，每当一年快要结束的时候，大自然中的食物就会变得十分稀少，这让黄蜂的粮食也变得越来越少。在这种情况下，黄蜂会选择别的食物来喂养幼虫。而苍蝇就是它们最好的选择。黄蜂会先将苍蝇切碎，然后再喂给幼虫食用。但是在我这里，我为我的这些囚徒提供了充足的蜜汁。这些蜜汁营养丰富，所以黄蜂保姆不需要其他东西来喂养幼虫。吃了这些蜜汁以后，黄蜂和黄蜂幼虫的精力变得愈加旺盛。

但还是会有一些不速之客会闯入到蜂房中。当然这些倒霉的侵略者，无一例外会立刻被处以死刑。很明显，黄蜂并不是一个热情好客的主人，它们不允许其他动物随意踏入它们的领地。哪怕是那种形状、颜色与黄蜂极其相似的拖足蜂也不行，它们一旦进入黄蜂的领地，立刻就会被黄蜂群起而攻之。虽然和黄蜂长得极其相似，但是依然不能欺骗黄蜂那敏锐的目光，如果拖足蜂没有及时避让，就会惹来杀身之祸。因此，很多昆虫对黄蜂的巢穴总是绝对回避。

因为有了这批囚徒，我经常会看到黄蜂对于擅自闯入它们巢穴的入侵者的野蛮态度。如果入侵者是一个十分凶猛的家伙，当它被蜂群攻击杀死以后，它的尸体马上会被黄蜂抛弃在蜂巢外的垃圾堆里。

黄蜂也会根据敌人选择武器，我很少看到黄蜂用它腹部的短刺来攻击弱小的昆虫。我曾经把一只锯蝇的幼虫扔到了黄蜂群里。看到这个黑绿色的入侵者，黄蜂们马上冲了过来，它们先是观察了一下，然后就发起了进攻。但是黄蜂并没有用它们那带毒的针去刺它，而是用力把它向外拖拽。而这个入侵者并不举手投降，不断地进行抵抗，它时而用它的前足、时而用它的后足来钩住蜂房，但是没有用，黄蜂比它有力得多。最终入侵者还是被黄蜂拉了出来。黄蜂把它毫不留情地扔在垃圾堆上。当然黄蜂们也不轻松，为了驱赶这条小虫，它们足足用了两个小时的时间。

假如我放入蜂巢的不是一条幼虫，而是一条相对比较魁梧的虫子，结果会怎么样呢？我试了一下。和对待锯蝇幼虫不同，飞上来的五六只黄蜂纷纷用自己身上的毒针去刺那条强壮的幼虫的身体。不一会儿，那个强壮的幼虫就一命呜呼了。

但是这么笨重的尸体，怎么搬运到巢穴外面去呢？黄蜂选择了更有效的方法——吃掉它或者是吃掉一部分，这样虫子的重量就会减小。于是黄蜂开始吃那只巨大的幼虫，直到它们觉得剩下的部分可以拖动为止。然后，它们就把那巨大幼虫的残骸，拖到外面，扔掉了。

昆虫小档案

黄蜂的一生

　　黄蜂一生要经历四个阶段：卵、幼虫、蛹、成虫，每个阶段的身体外观都不同。由卵孵化后的幼虫尾部仍附着于巢穴底，即使窝巢是倒吊着的也不至于掉落，并且由工蜂负责喂食，待发育成熟时身躯由晶莹剔透逐渐转为明黄色，接着在穴口封上一层薄茧并化成蛹，等到羽化为成虫后就破茧而出，从卵到羽化只需要二到三星期的时间。幼虫以其他小虫为食，尤其是毛毛虫。

黄蜂的归途

虽然对于外来入侵者是如此的凶狠，但对于自己的幼虫却是呵护备至，这就是黄蜂。在我的牢笼里，幼虫们一天天苗壮成长着，黄蜂的家族变得越来越兴旺。

当然，在繁荣的背后，也会有例外发生。在巢穴里，有一些非常柔弱的幼虫，它们还没有长大，还没有经历大自然的风雨、沐浴温暖的阳光，就早早夭折了。

那些柔弱的黄蜂幼虫，甚至没有力气享用黄蜂保姆提供的蜜汁。因为不能进食，这些幼虫渐渐地憔悴下去。那些照顾它们的保姆，对此了如指掌。它们会十分无奈地把头探入到幼虫的巢穴，用触须小心地去触碰那些体弱的幼虫。一旦确定这些幼虫的生命走到了尽头，黄蜂保姆就会把这些濒死的幼虫毫不留情地拖到蜂巢外面。

在黄蜂的社会中，生病的幼虫不过是没有用处的垃圾而已，需要尽快处理。你不要觉得它们野蛮，如果处理不及时，病情很快就会在蜂群中蔓延，这是十分危险的。

当然，这还不是最坏的情况。随着冬天渐渐临近，黄蜂们似乎已经预感到它们将来的命运。它们深知，末日就要临近了。

冬季的夜晚非常寒冷，这让蜂巢的内部发生了变化。黄蜂们以前那种大搞基础建设的热情没有了。负责寻找食物的黄蜂也变得懒惰了。整个黄蜂家族笼罩在一种颓废的气氛中。

幼虫由于饥饿而大大地张着嘴巴，然而却只能得到一些迟缓的救济品。慢慢地，黄蜂保姆们也开始罢工了，不愿意再给幼虫喂食，它们甚至对幼虫有些厌恶。它们似乎知道，再过一段时间，一切都会被严寒所毁灭。从前那些温柔的保姆，最终变成了凶残的刽子手。幼虫们一只一只在饥寒交迫中死去。

也许那些黄蜂保姆会对自己说："我们反正会死去，这些幼虫都会成为孤儿。既然结果早晚都会这样，那么就让我们自己来了断这一切吧！"

接下来是一场凶残的杀戮。黄蜂们残忍地咬住幼虫颈项后面的部位，粗暴地把它们从小房间里拖出来，拉到蜂巢的外面，无情地扔到垃圾堆里。这些幼虫在它们眼中就好像是外来的入侵者。幼虫们死掉之后，它们野蛮地拖拽着幼虫的尸体，好像要残忍地将它们的尸体切碎。至于那些还没有孵化成幼虫的卵，那些原本温柔的保姆们则会把它们撕扯开，然后吃掉。

处理完幼虫之后，保姆们也变得毫无生气了。我知道它们终有一日也会死去，不过我以为它们会慢慢地死掉。但出乎我意料的是，这些工蜂突然于某一天全都死掉了。它们齐刷刷地从蜂巢上跌落下来，仰卧在地上，再也没有爬起来。

母蜂的结局又是怎样的呢？母蜂是蜂巢中最迟生出来的。当寒冬降临的时候，正年轻力壮的母蜂有能力抵挡一阵。但是它也是只有死路一条，看看它那已经略显病态的外表就知道了。此刻它背上附着很多灰尘，这在之前几乎是不可想象的。以前它一旦发现自己的身上有灰尘，就会不停拂拭，一直到把自己黑黄相间的外衣擦拭得油光闪亮为止。只有在偶尔生病期间，它才会不修边幅地出现在我眼前。而现在，它只有力气爬到阳光下做最后的狂欢。它甚至已经没有整理外表的下意识动作了，所有的一切都已经毫无意义。

又过了两三天，这个身上到处都是尘土的家伙，最后一次离开了自己的巢穴。它也许是想出去再一次享受那温暖的阳光，但是它突然跌倒在地上，挣扎了好久，也没有爬起来。它永远也爬不起来了。

在黄蜂的世界中，有一条不成文的规定，蜂巢一定要保持绝对的干净和整洁。所以母蜂最后一次走出巢穴的时候，就已经知道自己的命运。或者说，它是故意那么做的，它在为避免让自己死在它为此努力了一生的巢穴中做了最后的努力。也就是说，为了保持巢穴的清洁卫生，它不愿自己死在巢穴里面。所有的黄蜂，都要遵守这个规定，直到它们的生命走到尽头。

笼子一天天变空。虽然我为它们搭建的这个地方十分暖和，虽然我为它们提供了足够的食物让它们不至于忍饥挨饿，但到了圣诞节的时候，仅剩下了大约十只雌蜂。到了第二年的一月初，所有的黄蜂全都死掉了。

是什么原因让它们全部死亡呢？它们并不缺少食物，也没有被严寒所困扰。那么，是什么原因让它们都死亡了呢？

我们不能把原因归罪于我对这些黄蜂的囚禁。即使在野外，这样的惨剧也同样会发生。我曾经在十二月末的时候去野外考察过很多黄蜂的蜂巢，这样的惨剧数不胜数。大量的黄蜂的死亡并不是因为碰到了什么意外的情况，也不是因为疾病的肆虐或者是严寒的影响。这就是黄蜂的宿命。这种命运引导着它们，就像是那曾经鼓舞它们生活下去的力量一样。

不过，黄蜂这样的命运，对于我们人类而言，也许是一个好消息。一只母黄蜂，就可以创造出一个拥有三万居民的帝国。假如这些黄蜂都存活下来，那对于人类而言将是一个巨大的灾难。

最后，蜂巢也会被摧毁。一种将来会变成蛾子的毛毛虫、一种红色的小甲虫以及一种身着鳞状金丝绒外衣的幼虫，是蜂巢最大的三个天敌。它们锋利的牙齿，对蜂巢而言，简直就是一场噩梦。经过它们的破坏，大大的蜂巢最后只留下了一些尘土和几片棕色的纸片。

黄蜂的毒液

黄蜂毒液的主要成分为组胺、五羟色胺、缓激肽、透明质酸酶等，毒液呈碱性，易被酸性溶液中和。

被黄蜂螫后，受螫皮肤立刻会红肿、疼痛，甚至出现淤点和皮肤坏死；眼睛被螫时疼痛剧烈、流泪、红肿，可以发生角膜溃疡。全身症状有头晕、头痛、呕吐、腹痛、腹泻、烦躁不安、血压升高等，以上症状一般在数小时至数天内消失；严重者可有嗜睡、全身水肿、少尿、昏迷、溶血、心肌炎、肝炎、急性肾功能衰竭和休克等症状。部分对蜂毒过敏者可表现为荨麻疹、过敏性休克等。

如被黄蜂螫伤该怎么办呢？如果是轻度螫伤，由于黄蜂毒是碱性的，所以应该立即用弱酸性液体冲洗。如果是中度螫伤可立即用手挤压被螫伤部位，挤出毒液，这样可以大大减少红肿和过敏反应。严重者应尽快到医院就诊。

娇小的赤条蜂

赤条蜂的外貌和其他蜂类有明显不同。除了身材十分小巧玲珑，它还有一个很独特的腹部。赤条蜂的腹部被分成了两节，上面大，下面小，中间像是被一根细线勒了一下。它那黑色的肚皮上有一圈红色的腰带，我想这就是赤条蜂名字的由来。

在田间道路的两旁，在整日里被阳光滋润的泥滩上，那里的草生长得并不是很茂盛，稀稀疏疏的，这正是赤条蜂最理想的栖息地。赤条蜂喜欢把自己的巢穴修建在这种土质疏松的泥土中。

每年春天，在四月初的时候，我们总可以在这些地方看到它们的身影。

赤条蜂的体形很纤细，所以洞穴的入口也不会修得很粗大，只有铅笔芯一般粗细。它的洞穴修建得像是一口井，垂直上下。井底是一个小房间，这个房间就是赤条蜂的产房和育儿室。

赤条蜂在修建巢穴的时候，充分显示了它的优雅与从容。它从来不会着急地赶工，也没有即将入住新房的喜悦感，就像是一个宠辱不惊的贵妇人，优雅地工作着。

和别的蜂一样，赤条蜂修建房子的工具也是它的前足和嘴巴。它们会用嘴把废弃物运输到洞外。每每这时，你就会听到洞内传来一阵尖锐刺耳的摩擦声，这是赤条蜂正在用力挪动不好搬动的沙粒而发出的声音。每隔十几分钟，赤条蜂就会从洞内爬出来，嘴里衔着清理出来的垃圾。

当然作为优雅的贵妇，赤条蜂是不会随便把垃圾扔在洞口附近的，而是会不辞辛劳地把垃圾带到十几厘米外的地方丢弃掉。这样，不仅仅是房间，连它的院落都变得十分干净了。

并不是所有的沙子都会被赤条蜂丢弃掉。每一次，它都会细心地选出几粒沙子来，整齐地堆放在洞口。这些沙子对赤条蜂来说会有特殊的用处。因为它需要找到一颗更大的沙粒来当作洞穴的大门。它一般会找一粒比洞口稍微大一点的扁平沙粒，这样的沙粒最适合做大门了。赤条蜂会把沙粒盖在洞口，这样的伪装十分巧妙，不用心很难发现沙粒下面是洞穴的入口。

而赤条蜂却可以一眼就识别出来，绝对不会为找不到家而烦恼。赤条蜂把自己捕获的毛毛虫拖到洞穴底部以后，会在毛毛虫的身体上产一枚卵。

一切准备就绪以后，赤条蜂会从洞穴里爬出来，然后用以前筛选出来的沙粒把洞口堵住。这样就没有人能发现赤条蜂的宝藏了。

被赤条蜂麻痹并且活生生地被用来给幼虫当面包的倒霉蛋是灰蛾的幼虫。这种幼虫大部分时间都生活在幽暗深邃的地下。如此隐蔽的藏身之所，赤条蜂又是如何抓住这些猎物的呢？

经过不懈的观察，我终于看到了赤条蜂狩猎毛毛虫的机会。那天我正在野外散步，正好在一丛百里香的下面发现了一只赤条蜂。我立刻在它的附近趴了下来，来观察它是如何工作的。

这小东西一下子就注意到了我的存在。我希望我的冒昧举动不会把它吓走。果然，我并没有低估赤条蜂的胆量，它在我身前试探了一会儿，发现我并没有什么危险，然后就又飞到百里香丛中工作起来。

看来，和我的出现相比，它的狩猎工作才是更重要的事情。

赤条蜂对待工作很认真，别看它体型很小，却能在百里香根部的泥土中挖来挖去，还能用嘴把周边妨碍它施工的小草一根根铲除，最后它自己也钻入了泥土的裂缝中。

赤条蜂动作很快，却又十分认真，每一个细微的裂缝它都不会轻易放过。它就像是搜捕毒品的警犬，机警而认真。你不要觉得它这是在挖巢穴，因为筑巢的时候它会十分从容，而现在的这种状态，一定是在搜索食物。

你不要觉得赤条蜂这么做是因为找不到毛毛虫而发狂，它的这些举动都是有深远意义的。深藏在地下的那些毛毛虫因为地面上传来的震动会感到十分烦躁。于是灰蛾的幼虫会爬上地面，看看到底出了什么状况。正是这一念之差，灰蛾的幼虫就丢了性命。

赤条蜂就是在等待这样的机会。当灰蛾的幼虫从泥土中一露头，赤条蜂就冲了过去。灰蛾的幼虫还没有明白是怎么回事儿，就已经被赤条蜂给抓住了。然后赤条蜂就像是一个娴熟的外科医生，用它的毒刺在灰蛾幼虫背上的每一个节上刺一下，绝没有一处遗漏。于是灰蛾的幼虫很快就被麻痹了。赤条蜂如此娴熟的技艺，就好像是水平高超的屠夫在宰杀牲畜一样。

科学家们也惊叹赤条蜂的这种狩猎本领。他们认为赤条蜂可以通过观察，知道我们人类许多不知道的事情。它比我们人类还要了解灰蛾的神经系统，它知道如何把毒刺刺入到哪些神经中枢上可以使它的猎物麻木又不至于死亡。这个神奇的本领它是如何学到的呢？我们可以从学校、教师和书籍中学到知识，我们通过不断学习逐渐了解了大自然的很多奥秘。可是赤条蜂是如何掌握这些复杂知识的呢？难道是与生俱来的？根本不用后天的练习就掌握了如此熟练的技术？难道是在它们出生之前，就有神灵赋予了它们这种神奇的本领？大自然真是神奇啊，自然之神早就在冥冥之中安排好了一切！

下面我给你们讲一件我亲眼见到的事情。那是在五月里的一天，我在野外散步，突然看到在田间的小路旁，有一只赤条蜂在为它的巢穴做最后一步的清洁工作。在离它不远的地方，是一条已经麻痹好了的毛毛虫。看样子只等清理好门前的障碍物并且把洞口扩宽到足够大，它就会把毛毛虫拖进去。

这条毛毛虫是它千辛万苦找来的。遗憾的是，另一群杀手也看好了这只肥美的猎物，那就是不远处的蚂蚁。赤条蜂当然不愿意和蚂蚁分享自己的猎物，可是要把数量众多的蚂蚁赶走，也不是一件容易的事情。考虑再三，它决定放弃自己的猎物，再去寻找别的毛毛虫。

为了节省体力，赤条蜂开始在巢穴的附近寻找猎物，它在距巢穴三四米的范围内不停地寻找。它的动作并不快，看得出是在仔细观察脚下泥土的状况。赤条蜂不时地用它的触角触碰着地面，就好像是工兵在用探雷针寻找埋在地下的地雷。

我观察了它三个小时。烈日炎炎，我有些受不了了。可是它还是没有找到猎物。好像以前随处可见的毛毛虫，现在都突然消失了。看来当我们急需某件事物的时候，要得到它总是很困难。

这是一件十分困难的工作，哪怕是我们人类也不容易完成。我决定要帮它一下，为它找到一条毛毛虫，然后我就可以观察它是怎么麻痹毛毛虫了。

这时候。我突然想起我的园丁——我的老朋友法维。此时此刻他就在照料我的花园，我赶紧把他叫了过来。

"嗨，法维，赶紧过来，我这里需要几条灰蛾的幼虫。"我把事情向他简单地说明了一下。他一下子就明白了，于是赶紧去园子里找虫子。他开始翻莴苣的根部，耙着种植着草莓的泥土，在鸢尾草丛中仔细搜索。

我相信他一定可以完成任务，他是我们这里公认的一名出色的园丁，聪明而且眼力很好。

可是我等了很久，也没有见他拿毛毛虫过来。

"法维，毛毛虫找到了吗？"我有些等不及了。

"还没有找到，先生。"法维无可奈何地回答道。

"这怎么可能？你把所有人都叫来！克兰亚、爱格兰，你们都赶紧过来！到花园里去，帮我找毛毛虫！"

我把家里所有人都找来了，我就不信凭我们大家的力量找不到一条毛毛虫！

于是，全体老少都出动了，所有人都仔细地寻找着，但是都没有找到。

又是三个小时过去了，我们颗粒无收。眼看天色将晚，我心里十分着急。

那边，赤条蜂也没有找到毛毛虫，我感觉到它已经很疲惫了，但是它依然没有放弃。我知道它一定很着急，因为我看到它不停地翻动如同杏核般大小的泥块。这些泥块对它来说就像庞然大物一样，但是它依然没有放弃在泥土的缝隙中寻找毛毛虫的身影。

突然，一个念头从我的脑子里一闪而过。赤条蜂之所以到现在还没有抓住猎物，并不是因为这里没有毛毛虫，而是它知道毛毛虫躲在哪里，却没有办法把毛毛虫从地下弄出来。要知道，这些毛毛虫都十分狡猾，它们会把洞穴挖得很深。

想到这里，我突然觉得我们这些费力在菜园里寻找毛毛虫的人好傻。要知道赤条蜂可是寻找毛毛虫的专家，有着与生俱来的天赋，如果它在这里没有发现毛毛虫，它肯定早就飞到别的地方去了。

这时候，赤条蜂又在另一个地方开始挖掘了，就像是它刚才一直做的那样，可是没过多久它就再一次放弃了，因为毛毛虫藏得太深了。我决心帮帮它，于是我用小刀在它刚才挖掘过的地方继续挖下去，但是什么也没有找到。看到这样的结果，我也有些灰心，难道是我刚才的想法错了？

我刚一停手，赤条蜂就回来在我刚才挖过的地方继续挖。我突然明白了，我刚才的举动已经把洞穴挖得离毛毛虫不远了，赤条蜂觉得就快抓到猎物了。

赤条蜂好像在嘲笑我说："你这个愚蠢的人类啊，让我证明给你看，这里到底有没有毛毛虫。"

想到这里，我决定继续向下挖掘。果然，没挖几下，我就看到土壤中似乎有什么东西在蠕动。没错，那是一只毛毛虫。我从来没有像现在这样高兴，它让我再一次见证了大自然的伟大，感叹造物主的神奇。

按照赤条蜂的指引，我又挖到了第二条毛毛虫；接着，又挖到了第三条、第四条。我发现我的园丁们一直在草木繁盛的地方寻找毛毛虫，而赤条蜂所找的地方却是光秃秃的没有什么野草生长，是在几个月前刚刚翻松的土地。

好吧，我们只好认输了。我们这些人，甚至是经验丰富的园丁，忙碌了三个小时都毫无头绪，而这个小东西，却一直在给我们提供着线索。幸亏我在最后关头领会了赤条蜂的想法，并且配合成功，取长补短，猎获了大量的毛毛虫。

为了表达我对赤条蜂的敬意，我把这五条毛毛虫全留给了它。然后我再次趴在地上，仔细观察赤条蜂是如何处置这些毛毛虫的。我和这位猎人靠得很近，所以没有一个小细节可以逃过我的眼睛。我把我观察到的情景，都记录了下来。

毛毛虫的颈部先是被赤条蜂用嘴巴咬住。因为疼痛，毛毛虫猛烈地挣扎着，它拼命地扭动着身体，想要挣脱束缚。面对如此剧烈的反抗，赤条蜂十分镇静，它让自己的身体偏向一边，这样就避免了毛毛虫对它剧烈的撞击。接着它用毒刺扎在毛毛虫的头和第一节身体的关节上，那是毛毛虫最为软弱的地方。这是最为关键的一步，仅仅这一下，毛毛虫完全被赤条蜂控制了。

突然，赤条蜂好像是受到了毛毛虫的撞击，它从毛毛虫的身上掉了下来，躺在地上剧烈地扭动着身体，不停地在地上打着滚，它的腿颤抖着，拍打着翅膀，像是在做最后的挣扎。我以为赤条蜂是在和毛毛虫的搏斗中受到了致命的伤害。我不想见它就这样死去，可是又毫无办法。突然它又恢复了正常，活蹦乱跳地回到了猎物的身边。原来这是它独特的庆祝方式！

虽然毛毛虫被赤条蜂刺了一下，但身体还是会轻微地扭动。赤条蜂还得继续给毛毛虫进行手术。我看到赤条蜂这次抓住毛毛虫的位置要比第一次抓住毛毛虫的位置稍微低一些。然后，我看到它用毒针向毛毛虫的第二个体节刺去，然后依次向下刺着，每一次都是刺中毛毛虫的体节。

这种毛毛虫的身体结构很独特，头上的三个体节长有脚，中间是两段没有脚的身体，最后四节身体又长着脚。这些脚在我们看来，并不能算是真正的脚，只能算是一些小小的凸起。所以并没有什么反抗能力。就这样，赤条蜂在毛毛虫的九节身体上，依次刺了一下，手术就完成了，而毛毛虫已经完全不能动了。

我以为赤条蜂的手术已经完成，可是我错了，我看到赤条蜂又张开它的大嘴，用钳子一样的牙齿咬住了毛毛虫的头。我以为赤条蜂要杀死毛毛虫，但是我看到赤条蜂似乎并没有用力，而是有节奏地挤压着毛毛虫的头。挤压了几下，赤条蜂就会停下来看一看毛毛虫的反应。我觉得它似乎并不想要了毛毛虫的命，生怕自己的出手太重了。赤条蜂这么做是在给毛毛虫进行脑部手术，它要让毛毛虫彻底昏厥，而不是要让毛毛虫彻底死去。

没用多长时间，这位高明的外科医生就结束了手术。对于患者来说，这个手术可以说是很残忍的，毛毛虫已经完全不能动了，就像只有呼吸的植物人一样。现在它只能毫无反抗地被赤条蜂拖入洞穴里。

毛毛虫就是赤条蜂为自己的孩子准备的食物。在洞穴中，赤条蜂会在毛毛虫的身上产下一枚卵，等赤条蜂的孩子破卵而出的时候，就会把毛毛虫当作可口的食物。所以赤条蜂必须把毛毛虫麻痹好，否则毛毛虫一翻身就会把赤条蜂的卵弄破。

那么赤条蜂为什么不杀死毛毛虫呢？这是因为毛毛虫的尸体不能保存很久。而腐烂的食物，赤条蜂的幼虫是不会吃的。这是多么慈祥的妈妈啊，为了自己的孩子能吃到最新鲜的食物，赤条蜂要用它的毒刺刺入毛毛虫的每一节神经中枢，让它完全失去活动的能力，却又不会死去。

那么赤条蜂为什么要给毛毛虫的头部做手术呢？那是因为赤条蜂考虑到毛毛虫的嘴巴还可以动，如果在拖拽猎物回洞穴的时候，猎物用嘴咬住地上的植物，那就会花费很大的力气。但是赤条蜂又不能对毛毛虫的头部刺毒针，这样会让毛毛虫丧命。所以赤条蜂就不断地挤压毛毛虫的头部。很快毛毛虫就被赤条蜂折腾晕了，从而失去了知觉。

也许你会很同情毛毛虫，觉得这个小可怜已经被赤条蜂弄得半死不活了，而且还要成为赤条蜂幼虫的食物，这是多么残忍的事情啊！甚至你可能会觉得如果这些幼虫都被赤条蜂杀死，那么春天就不会有美丽的蝴蝶了。

说到这里，我想告诉你们，这样的想法是错误的。这些毛毛虫将来会变成蠢笨的蛾子。而且它们是农民的天敌，是农作物和美丽花草的冷血杀手。这些害人精就像魔鬼一样，它们白天会躲在阴暗的洞穴里睡大觉，晚上就开始精力旺盛地爬出来干坏事。它们以植物的根茎为食物，无论是我们种的花草还是食用的蔬菜，都是这些家伙的盘中之餐。

如果我们发现一株幼苗无缘无故枯萎了，那么只要你把它拔起来，你就会发现，原来是它们的根部被伤害了。这就是那些恶贯满盈的毛毛虫的杰作。它们的嘴巴像刀子，而且十分贪婪，轻易就可以伤害一株幼苗。如果这些家伙出现在我们的菜地，那么这片菜地就算是完了。所以我们不要同情这些害虫。

赤条蜂这样做完全是为民除害。所以赤条蜂才是农民最好的朋友和助手。

昆虫小档案

蜜蜂的群间关系

蜜蜂虽然过着群居生活，但是蜂群和蜂群之间是互不串通的。蜂巢里存有大量的饲料，为了防御外群蜜蜂和其他昆虫、动物的侵袭，蜜蜂天生具有守卫蜂巢的能力。螫针是蜜蜂的主要自卫武器。

蜜蜂的嗅觉灵敏，它们能够根据气味来识别外群的蜜蜂。在巢门口经常有担任守卫的蜜蜂，以防外群的蜜蜂随便窜入巢内。在缺少蜜源的时候，经常有不是本群的蜜蜂潜入巢内盗蜜，守卫蜂立刻就会还以颜色。但是在蜂巢外面，情况就不同了，比如在花丛中或饮水处，各个不同群的蜜蜂在一起，互不敌视，互不干扰。

　　飞出去交配的母蜂，有时也会错入外群，这时工蜂会立即将它团团包围，刺杀母蜂。

　　雄蜂如果要错入外群情况就不同了，工蜂不会伤害它，因为蜜蜂培育雄蜂不只是为了本群繁殖的需要，也是为了整个蜜蜂种族的生存。

捕蝇蜂的生活

捕蝇蜂在喂养后代的方法上，和赤条蜂以及黄蜂都不同。前面我们已经讲过，赤条蜂和黄蜂是怎样麻痹毛毛虫和蟋蟀来喂养自己的孩子的，它们会封闭洞口，自己飞到别处，把食物留给孩子。而捕蝇蜂就不同了，它是一个十分尽职的母亲，每天都会用新鲜的食物来喂养自己的孩子。

捕蝇蜂不喜欢在阴暗的地方做巢穴，它的巢穴会选择在阳光充足的地方。有时候，我会在没有树荫的广场上看到它们的身影。这时候的天气已经很热了，为了避免烈日的烘烤，很多人会在露天为自己准备一把遮阳伞。而我也采用这样的办法来避暑，既可以避免烈日暴晒，又可以观察捕蝇蜂。

在遮阳伞下，我注意到一只捕蝇蜂出现在了沙地的上空。我以为它会观察一下，寻找一下自己的洞口，因为这些沙地看起来都是一样的。没想到它果断地降落在某处，十分肯定那就是自己的巢穴入口。

捕蝇蜂的前爪有几排硬毛，这些硬毛让捕蝇蜂的爪子看起来就像刷子一样。捕蝇蜂就是用这两把刷子来进行清理工作的。它的动作非常快，用这刷子一样的腿把沙砾飞快地向身后拨去，很轻易地就把这些没用的砂砾抛到了身后二十厘米以外的地方。这样的清洁工作要持续十分钟左右。

除了砂砾，捕蝇蜂还会把洞穴周围的落叶、木屑等其他垃圾也处理掉。当捕蝇蜂的两条前腿不够用的时候，它的嘴也会参与到清理工作之中。这真可谓是口脚并用了。

经过这样一番打扫，捕蝇蜂家门口的沙土变得十分细腻。这些细软的沙子能让捕蝇蜂把猎物拖进洞穴的时候更加省力。那么捕蝇蜂会在什么时候进行这繁重的体力工作呢？是在它已经为自己的孩子储存了足够食物的时候。这时候的捕蝇蜂就像一个优秀的母亲，不仅为自己的孩子准备了可口的食物，而且还要打扫干净自己的房间。看着孩子在自己精心修饰的房间里健康成长，它就会显得十分开心。

为了更好地了解捕蝇蜂，我找来一把小刀，顺着刚才捕蝇蜂清理的地方挖了下去。没挖几下我就看到了一个只有手指般粗细的隧道，隧道并不是很长，只有半米左右。在隧道的尽头会有一个比较大的空间。这里就是捕蝇蜂的婴儿房。在这里我看到了一只刚刚被抓获的苍蝇和一枚白色的卵。这枚卵就是捕蝇蜂的孩子，只需要一天的时间，卵就会孵化成幼虫。当它破壳而出以后，就会吃母亲为它留下的食物。

刚出生的时候，因为幼虫的身体还很小，所以它的食量并不是很大。一只死蝇可以满足它两天或者三天的食物需求。而这时候，母蜂也不会离家太远，它或者是在附近转悠，并且依靠野花的花蜜来维持自己的生命；或者是在自己的家门口忙碌地做着清洁的工作。可是不管它在干什么，它的心里都似乎有一个闹钟，很准时地提醒着它，屋子里孩子的食物已经快要吃光了。这个钟表很准时，它甚至不需要走进房间去看上一眼，就可以准确判断出食物的存储情况。我想这就是伟大的母爱！只有母亲才会对自己的子女如此上心。

这样，根据自己的估算，捕蝇蜂会为孩子寻找新鲜的食物。这次它带回来的并不只是一只死蝇，而是反反复复往回带来了三只死蝇。因为幼虫的身体长得很快，所以母蜂的工作强度会越来越大。捕蝇蜂每天都会拼命地去寻找食物，否则自己的孩子就会有挨饿的危险。

在接下来的两周时间里，捕蝇蜂的幼虫会飞快地生长。为了满足这种生长速度，它的饭量也变得越来越大。所以，母蜂要不停地捕捉新鲜的蝇子回来，直到幼虫完全长大。我粗略算了算，一只捕蝇蜂的幼虫在成长过程中，大概需要吃八十多只蝇。

捕蝇蜂为什么不能像其他的蜂类那样照顾自己的后代呢？它们也可以准备好足够的食物，然后封死洞口，这样就不用每天为捕捉蝇子而拼命地忙碌了。我想这可能是跟它们的主要猎物有关系吧。因为蝇子的身体十分柔软，肯定储存不了多久就会腐烂。幼虫可不会吃腐烂的食物。

那么捕蝇蜂为什么不把蝇子麻醉后贮藏呢？就像其他蜂类把毛毛虫或者蟋蟀麻醉后拖入洞穴中，让幼虫食用。我想这是因为蝇子的动作十分敏捷和灵活，飞翔的速度十分快。面对这样灵活的猎物，捕蝇蜂捕捉起来相当费劲。毛毛虫或者蟋蟀捕捉起来比较方便，只要抓住它们身上的要害，并用毒针来麻痹它们的神经就可以了。要捕捉蝇子，捕蝇蜂需要动用自己身体上的全部武器，嘴、毒针、脚，全都要使用才能保证蝇子不会逃走。所以捕蝇蜂宁可选择杀死蝇子，也不愿意让自己空手而归。

我一直想亲眼看一看捕蝇蜂是如何捕捉苍蝇的，但总是没有机会，因为它们总是在距离巢穴很远的地方进行狩猎。正当我感到绝望的时候，却突然出现了转机，让我在无意之中目睹了这精彩的战斗。

那天烈日炎炎，我正坐在伞下乘凉，而享受遮阳伞阴凉的却并不止我一个，还有各种大马蝇也躲到我的伞下来逃避烈日的炙烤。它们安静地停在我的遮阳伞下。我无事可做，就用观察它们的眼睛来消磨时间。它们的眼睛十分有光泽，就像是一颗颗打磨得很好的宝石。有时候遮阳伞被烈日炙烤得太热了，它们就会转移阵地，躲到相对凉快的地方去。我很喜欢观察它们这种本能的动作。

和这些马蝇共同在一张伞下，我们还算相安无事。夏日的午后，总是让人有昏昏欲睡的感觉。

正当我迷迷糊糊的时候，我突然听到了"哪"的一声响，就好像是有一块石子扔在遮阳伞上。

我一下子清醒了过来。"发生了什么？"我自言自语着。

难道是某棵树上的果子掉落在了伞上？

可是，撞击声不断传来，就好像是有一群淘气的孩子，躲在附近的某处往我的遮阳伞上扔东西。

想到这里，我有些恼怒了，我从遮阳伞下站了起来，向四周寻找这些小调皮鬼在什么地方。可是除了刺眼的阳光，什么也没有。

正当我感觉到十分奇怪的时候，响声再次传来。我急忙向发出声响的地方看去，终于找到了这个噪音制造者。原来是捕蝇蜂！这我早就应该想到，我的伞下有这么多肥美的马蝇在乘凉，捕蝇蜂又怎么会放弃如此好的狩猎机会呢？而这对我来说更是千载难逢的机缘，我什么都不用干，只需要静静地观察就可以了。

这些捕蝇蜂十分忙碌，它们每隔一段时间就会冲到我的伞下，然后像战斗机一样直接冲到遮阳伞的顶部。由于速度太快，它们来不及急转身就撞到了伞面上，不停地发出"哪哪"的声音。

然后，一场激战就在遮阳伞的顶端开始了。马蝇也不会束手就擒，它们会和捕蝇蜂进行一场激战。马蝇虽然十分顽强凶猛，但是依然不是捕蝇蜂的对手。

不一会儿，我们就会看到捕蝇蜂用脚夹着自己的战利品飞走了。我以为伞下的马蝇会因为捕蝇蜂的出现而四处逃窜，可是这些马蝇却依然不肯离开这里。我想是因为外面太炎热了，与其在烈日下被活活晒死，还不如在这里享受一下阴凉。反正它们的数量众多，捕蝇蜂不会赶尽杀绝的。

跟随着携带着战利品凯旋的捕蝇蜂，我发现当它飞近自己驻地的时候，突然好像变得紧张起来，就像是遇到了敌人的伏击一样，不安地发出嗡嗡的声音。我很好奇它的这一举动，十分想知道它为什么会这样，于是我继续观察。我发现捕蝇蜂会在沙地的上空盘旋一阵，然后试探性地下降，如果这时候有什么意外出现，它会马上飞走。就这样反反复复，捕蝇蜂在它住所的上空不断地试探着，然后才降落下来。

它选择降落的地方是如此的普通，没有任何记号，所以一开始我以为它只是随便地落在沙地上，然后再慢慢地寻找自己巢穴的入口。可是我发现我错了，捕蝇蜂身体里似乎安装着精准的雷达，它能十分精确地降落在自己的洞口。捕蝇蜂只需把洞口处的砂砾扒开，然后用自己的头做开路机，就很轻松地把猎物运到洞里面去了。

随着捕蝇蜂的身影在洞口处消失，洞口处的沙粒也会自动地把洞口堵住，就好像是神话中宝库的大门。这样的场景我看到过无数次了，我十分惊讶捕蝇蜂为什么能如此准确地找到自己家的入口。

其实并不是每次捕蝇蜂回巢都会在巢穴的上空盘旋，它之所以这样做，是因为它看到了自己的巢穴附近隐藏着十分危险的东西。它发出的嗡嗡声，正是它内心忧虑和恐慌的表现。你要知道，如果没有危险的话，捕蝇蜂是绝对不会发出这种声音的。

那么，是什么凶狠的敌人让捕蝇蜂如此畏惧呢？说出来你也许不会相信，那是一种体型十分娇小的蝇子。而捕蝇蜂，作为蝇类的天地，连大马蝇都不是它的对手，竟然会被这种小蝇吓得连家都不敢回去，简直难以置信。要知道这种小蝇，还不够捕蝇蜂的幼虫塞牙缝的呢。

也许这就是大自然的神奇之处，就好像每一种动物都有它的天敌一样。捕蝇蜂拿这种小蝇束手无策真是让人很难理解。也许正是因为有这种神奇的本领，这种小蝇才在茫茫宇宙中占有了一席之地，成为了大自然中不可或缺的一个环节。想到这里，我们除了感叹造物主的神奇，还能做什么呢？

原来这种小蝇，会把自己的卵产在捕蝇蜂捕获到的猎物身上。而且小蝇的幼虫孵化出来以后，会和捕蝇蜂的幼虫争夺食物。当食物吃完以后，小蝇的幼虫会毫不留情地把捕蝇蜂的幼虫当作可口的美食吃掉。所以，这种小蝇看起来软弱，其实是一个无情的杀手。捕蝇蜂这么惧怕它是有一定道理的。可是这种小蝇是怎么把卵产在捕蝇蜂的猎物上的呢？

这种小蝇也是十分狡猾的猎手，它们从来不走进捕蝇蜂的巢穴，而是在捕蝇蜂的巢穴附近耐心等待着捕蝇蜂带着猎物归来。当捕蝇蜂就要钻进洞穴的时候，这种小蝇就会飞快地俯冲下来，以迅雷不及掩耳之势在捕蝇蜂的猎物上产下一枚或者两枚甚至三枚卵。要知道捕蝇蜂的动作已经很快了，可是就是在这一瞬间，小蝇已经完成了自己的任务。然后，小蝇会继续在洞穴附近蹲守，为自己的下一次行动做准备。

这种小蝇的身体是暗红色的，眼睛大而且红。它们不会成群聚集在一起，只是三三两两出现在一个捕蝇蜂的巢穴附近。而且它们对捕蝇蜂的洞穴入口了如指掌。看着它们的外貌，以及这惊人的耐心，不得不让人联想到那些臭名远扬的歹徒。而这些歹徒不也正是像小蝇一样，头上蒙着布，躲在阴暗的角落，等待着机会吗？

带着猎物回来的捕蝇蜂，会敏锐地发现这些歹徒就在自己家附近，于是就变得慌张起来。捕蝇蜂知道这些小蝇不是顺路来观光的，所以迟迟不肯降落。而这些狡猾的小蝇，知道捕蝇蜂一定会回到巢穴中，所以它们也飞了起来，不紧不慢地跟着捕蝇蜂。捕蝇蜂忽前忽后想要摆脱它们，但是它们也忽前忽后地紧紧跟随着捕蝇蜂。

捕蝇蜂因为刚才的大战耗费了不少力气，会落下来歇歇脚，而这些小蝇也会借机休息。于是捕蝇蜂又想到了第二个办法，它加快了速度，希望可以凭借自己的速度来摆脱敌人，甚至让这些小蝇迷失方向。

可是这些狡猾的小蝇，完全不去跟捕蝇蜂消耗力气，它们以逸待劳，飞回到捕蝇蜂的洞穴门口去守株待兔。

果然，不一会儿，捕蝇蜂就惊慌逃窜地飞了回来。于是这些小蝇再次跟上。而这时候捕蝇蜂已经疲惫得失去了耐心，一个疏忽，就给了等待者机会。

还好，并不是所有的捕蝇蜂都会遇到这样的麻烦，所以还是有不少幼虫逃过了这一劫。

捕蝇蜂的幼虫每天都贪婪地吃着母亲带给它的新鲜食物，身体生长得十分迅速。两周以后，幼虫开始准备做茧了。可是捕蝇蜂的幼虫不是蚕宝宝，它的身体内没有足够的丝线来把自己包裹成一个厚实的茧。但是它有更神奇的办法，它会在丝线中加入一些沙粒，来增加自己茧壳的硬度。在吐丝之前，幼虫会把残余的食物堆积到洞穴的一角，把洞穴的地面清扫干净，然后在两堵墙之间连起一根丝线，之后顺着丝线自己编织出一个网。一切就绪以后，它就开始下一步的工作了。

幼虫在网中央编织了一个袋子，这个袋子就像是一个吊床。袋子的一端是封闭的，另一端有一个小口。捕蝇蜂的幼虫半个身体探在袋子的外面，用嘴巴挑选沙粒。它很苛刻，对于太大的沙粒它根本看不上眼。选好沙粒后，它会把沙粒叼进去，很均匀地铺在袋子的周围。

最后一步，幼虫还要把茧一端的开口给封住。幼虫先是用丝线编织出一个可以盖住开口的盖子。为了让这个盖子变得和茧壳一样结实，幼虫在盖子上也要镶嵌上一粒粒沙子。

于是这个丝线和沙粒完美结合的茧就这样做完了，但是幼虫还要对自己的小屋进行最后的装潢。因为丝线中掺有沙粒，所以茧壳就变得很粗糙了。为了不弄破自己的皮肤，幼虫会给茧的四壁涂上一层浆液。

当这一切都完成之后，幼虫就可以安心地睡觉了。当它再次醒来的时候，它会变得和它的母亲一样，成为一只强壮的捕蝇蜂。

昆虫小档案

蜂王

蜂王也叫"母蜂""蜂后"，是生殖器官发育完全的雌蜂，由受精卵发育而成。通常每个蜂群只有一个蜂王。蜂王身体稍长于工蜂，腹部末端有螫针，腹下无蜡腺，翅膀仅覆盖腹部的一半。蜂王寿命为三至五年。

在自然界中，一个蜜蜂群体有几千到几万只蜜蜂，由一只蜂王、少量的雄蜂和众多的工蜂组成。蜂王虽然被称为"王"，但它实际上并不领导蜂群，它在蜂群中的作用就是繁衍后代。蜂群中大部分的蜜蜂都是它的后代。在春季繁殖高峰时，一只蜂王每天可产卵约两千多个——总的重量甚至超过了它的体重。工蜂会时刻围绕在蜂王的周围，像"侍者"一样照应它的需求，比如提供食物、清理垃圾等。

大孔雀蝶之夜

这一夜注定让人难忘，姑且把它称作"大孔雀蝶之夜"吧！作为欧洲最大的蝴蝶，大孔雀蝶的美丽依然毫不逊色。在栗色的天鹅绒外衣的包裹下，它系着白色的毛皮领带。它翅膀上灰色、棕色的斑点整齐地排列着，中央的圆形斑点则宛如一只乌黑发亮的大眼睛，闪烁着黑色、白色、栗色、鸡冠红等呈彩虹状的斑斓色彩，变幻多姿，好不惊艳。

大孔雀蝶的幼虫体色隐约泛黄，也极为美丽。它那稀疏地环绕着一圈黑色纤毛的体节末端，镶嵌着一颗颗蓝绿色的宝石。它那粗壮的棕色茧形状极为独特，漏斗状的口部像极了渔民的鱼篓。大多数时间，它都紧紧贴在杏树根部的树皮上，因为这种树的叶子是大孔雀蝶的幼虫们最喜欢的食物。

这天上午，一只美丽的雌性大孔雀蝶，在我眼前破茧而出。虽然才孵化出来，身体还是湿漉漉的，但我还是马上把它关进了钟形金属罩内。说实话，我完全没有任何研究大孔雀蝶的计划。之所以这么做，我想纯粹是出于一个观察者长期以来形成的习惯。

现在看来，我为自己的这一行为备感庆幸。

当晚九点左右，我们正准备入睡，一阵嘈杂声突然从隔壁房间传来。衣服都没穿好的保尔在屋里来回奔跑、跺脚，十分紧张。我听见他急促地向我喊道："你们快来呀！看这些蝴蝶，跟鸟一样大，飞得满屋子都是！"

孩子的呼喊声告诉我，肯定是发生了什么事，于是我赶紧跑过去。整个屋子已幻化成蝴蝶的海洋，每一只都个头巨大。除了四只被保尔关进鸟笼，其余的都集结在房间的天花板上。

这番场景瞬间让我联想到早晨被我关起来的那只雌蝴蝶。

"别管鸟笼了，快穿好衣服，跟我来，说不定还有更稀奇的事儿。"我边说边往外走。

于是，我们直奔位于院子右侧的工作室。经过厨房时，我看到了同样被吓得目瞪口呆的女佣人。她正奋力用围裙扑打蝴蝶，想把它们赶走。后来她跟我说，她原以为那是蝙蝠呢！

可以确定的是，我们家已经完全被大孔雀蝶占领了。在那只"待字闺中"的雌蝴蝶的吸引下，雄性蝴蝶蜂拥而至。接下来会发生什么简直无法预料。

借助工作间一扇开着的窗户，我们攀爬到楼上想看一下那只雌蝶此刻的处境。等我到达楼上的时候，眼前的一幕让我终生难忘。

成群的大蝴蝶在金属罩旁边似飘带一样飞舞盘旋，它们时而冲向天花板、时而俯冲下来，震动的翅膀带动空气不停地发出"噼噼啪啪"的响声。它们扑灭了我手里的蜡烛，扑打着我们的肩膀。我们的衣服就像被钩住了一样动弹不得，脸上也留下了它们飞过的痕迹。可怜的小保尔吓得紧紧拽住我的手，一动也不敢动。

一共有多少只蝴蝶呢？我估摸着算了一下，大约有二十只。如果再加上迷失在厨房以及别的卧室里的，恐怕要超过四十只。如此看来，这真是一个难忘的蝴蝶之夜！

不过最令我感到疑惑的是，这群爱情的追随者是如何得知消息，继而匆匆赶去工作室向我那位"待嫁"的闺女表达爱意的呢？这场景可真够感人的。

我决定一探究竟。

此后连续的八天时间里，每天都会上演同样的剧情。每天夜幕降临后的八点到十点间，那些大孔雀蝶总会接连不断地飞过来。即使天空乌云密布，漆黑如墨，它们的行动也一如既往。然而，黑暗还不是造访者进入小屋的唯一困难。我的房子在一大片高大挺拔的梧桐树下，房前种有一排用于阻挡西北风的松柏树，只有唯一一条长满茂密丁香和蔷薇的小径通往这里。此外，在离门几步远的地方还有一道屏障——小灌木丛形成的壁垒。大孔雀蝶不得不曲折迂回于这些杂乱的树枝，经过重重考验，才能找到它们的意中人。

要知道，连拥有大眼睛装备的猫头鹰都不敢贸然前来，大孔雀蝶凭什么来去自如呢？因为它有比猫头鹰的装备更加先进的复眼，所以它可以毫不费力地穿越重重障碍？即便如此，距离也是个不可忽略的因素！这种超能力不可能助其看到远在工作室里的雌蝴蝶，何况还有层层阻挡！

而且，除非光的折射使大孔雀蝶迷路，否则它们应该直奔它们所看到的东西。但事实上，它们总会在关键地点上犯迷糊。上文中，我们讲到过，在"大孔雀蝶之夜"，我们曾在别的卧室（例如孩子的卧室）和厨房也见过许多大孔雀蝶，它们像无头苍蝇一样飞来飞去。

为什么这些蝴蝶没有直奔工作间去寻找雌蝴蝶而是迷路了呢？我思来想去，最后认为可能是因为厨房和卧室的灯光在乌漆墨黑的夜晚对它们来讲诱惑太大了。当然，也有大量蝴蝶迷失在了黑暗的地方！即便离被囚的雌蝴蝶只有几步之遥，有些迷路的蝴蝶始终没有找到最直接、最准确的通道——离金属罩最近的窗户。这又说明了什么呢？

这里面一定有秘密！一定有什么东西在为它们引路，先将它们吸引到确切的地点附近，最后则要靠它们自己努力才能找到终极目标。这一原理与我们人类的听觉和嗅觉工作的原理大同小异。当我们需要精确地找到声源或味源时，听觉和嗅觉会给我们提供一个大致方向。

有人猜想，大孔雀蝶的感知器官是触须。正是这些宽大、毛状的扁平触须，探寻着四周的空间，帮助这些热恋中的大孔雀蝶感知气息、确定方向。事实真是这样吗？我们不妨做个实验。

　　实验对象就是"大孔雀蝶之夜"后的第二天我在工作室里发现的遗留下来的八只访客。它们静静地趴在那扇关着的窗户的栏杆上，没有像它们的同伴一样舞会一结束就自行离开。我心中暗自窃喜，这正是我实验所需要的。

　　拿来一把小剪刀，我小心翼翼地把这些蝴蝶的触须齐根剪断。但它们似乎毫不在意，仍然纹丝不动，甚至连翅膀也没有扑腾一下。之后，它们仍然就那样静静地趴了一整天。它们的伤口并无大碍，这也更有利于我做实验了。

　　接下来还有一件很重要的事：给雌蝴蝶挪窝。为了保证实验结果的真实性，必须让雌蝴蝶在它们的眼皮底下消失。于是，我将钟形罩连同被关在里面的雌蝴蝶一起搬到了别处，放在了离工作室五十米开外的地方。

　　万事俱备，只欠东风。夜幕降临后，我最后一次去探视那八位伤员，发现其中的两只已经奄奄一息，其余六只早已飞走。它们会回到昨天的老地方吗？没有了触须，它们能否顺利找到钟形罩呢？要知道，雌蝴蝶已经被挪到了别处，一个距离原地点很远的地方。

　　实验已经开始。在无边的黑暗中，我时不时点着蜡烛、带着网兜去查看被黑暗隐没了的钟形罩。来访的雄蝴蝶被我一只只捉住，经过辨认、分类，然后被关进隔壁的房间里。这种逐渐排除法让我更加精确地掌握了蝴蝶的数量，但遗憾的是，满满当当的牢房里只有一只是被我剪掉触须的。这样的结果什么也说明不了。临近十点半，再没有新的来访者，实验由此宣告结束。

我觉得我必须做一个规模更大的实验。

第二天一早，我就去探访了昨晚抓住的"囚犯"。情形并不乐观，许多蝴蝶都掉在了地上，奄奄一息。这些瘫痪的蝴蝶还能用来做实验吗？我不抱什么希望。姑且一试吧，也许当跳爱情圆舞曲的时刻来临，它们又会变得生机勃勃。

依样画葫芦，我对那二十四只新抓住的大孔雀蝶一一都做了触须切除手术。不过原先那只被剪掉触须的蝴蝶不在其中，它已经濒临死亡。

接着，我大开牢门，谁爱走就走，谁有能力回来参加舞会就回来。为了继续进行"寻找"实验，我又把钟形罩移到了住宅另一侧底楼的一个房间里。

那二十四只被切除触须的蝴蝶，有十六只逃了出去。其余的八只很快就在原地死掉了。那么，那十六只离开的蝴蝶晚上能飞回到钟形罩旁边吗？我满怀期待，但是结果让我很失望。那天晚上我虽然抓到了七只蝴蝶，但全部是新来的，全都有着漂亮的羽翼，触须更是完好无损。这似乎能说明，对这些大孔雀蝶来讲，触须是相当重要的。可是我仍然觉得此时下结论还不合适。

曾经有一条名叫穆菲拉尔的小狗，被人残酷地割去了耳朵，但它非常乐观："瞧瞧我现在的样子，多漂亮！我可以大大方方地出现在其他狗面前！"

我的大孔雀蝶是否也有这种乐观呢？即便失去了华丽绚烂的羽饰，也不怨天尤人，还能满怀勇气向雌蝴蝶吐露爱意。然而，它们终究没有回来，是自暴自弃还是失去了导向的能力？原因不得而知，就让实验来说明一切吧！

这天晚上，我又想办法抓到了十四只新来的雄蝴蝶，并先后将它们关进一个房间里。第二天，我小心翼翼地剪去了它们腹部中央的一些绒毛。这样做不仅不会伤害到它们，也不会使它们丧失任何寻找钟形罩所必需的器官。最重要的是，这是给重新来访的大孔雀蝶做的另一种标记。

这次的小心谨慎总算有所成效，晚上所有的蝴蝶全部飞回了野外，身体也不似之前实验中的蝴蝶那般衰弱。

我再次移动了钟形罩的位置。

约莫两个小时内，我捉到了二十只蝴蝶，发现其中只有两只腹部绒毛被剪过。而前天被剪去触须的那些蝴蝶，已经消失不见，也许它们的婚期已经过了，也许它们的生命已经走到了终点。

为什么另外十二只同样装备有羽饰一般触须的被剪去腹部绒毛的蝴蝶会缺席？为什么一晚上的囚禁会导致大批蝴蝶变得衰弱无

力，失去生机？实在令人匪夷所思！我突然开始猜想：是强烈的交配欲望在支配着大孔雀蝶，它们为此被折磨得筋疲力尽，无所依傍。

寻找心上人是大孔雀蝶的唯一目标，为此它们可以长途跋涉、历尽艰辛、排除万难，只求与爱人短暂的欢愉。然而一旦错过最佳时机，它们精确的指南针就会发生故障，明亮的导航灯也会黯然失色。到最后，它们只求默默退居一隅，带着幻想和苦难走到生命的尽头。

与其他种类的蝴蝶不同，大孔雀蝶完全是为了繁衍后代才以蝴蝶的形态出现的。它们是绝对的禁食者，口腔器官只是一个无用的摆设。它短暂的生命只为与爱人相遇，两三个晚上，仅此而已。

被剪去了触须的蝴蝶消失不见，是否意味着没有了触须，它们就无法感知在罩内翘首等待它们的雌蝴蝶了呢？当然不是。正如那些腹部绒毛被剪去的蝴蝶一样，它们生命中最后的时光都已经消散，因而缺席无法解释任何问题。大孔雀蝶触须的作用，以前、现在、以后始终都是一个谜。

在存活的八天时间里，雌性大孔雀蝶每天晚上都毫无怨言地按照我的意愿行事，为我引来一群又一群慕名而来的雄性大孔雀蝶，总数竟然达到了一百五十只。

现在，一想到今后继续这项研究所必需的材料，我就万分苦闷。

大孔雀蝶的茧非常罕见，它赖以生存的那种特有的杏树在我们这里寥寥无几。我曾花了整整两个冬天的时间在我家附近寻找这些小玩意儿，最终都一无所获！

可见，那一百五十只大孔雀蝶全都来自遥远的地方，至少在方圆两公里以外，或许更远。然而，它们又是怎么知道我工作室里有一只雌蝴蝶的呢？

一般而言，只有光、声音和气味这三种元素可以在远距离信息传递中被感知。对大孔雀蝶而言，显然靠的不是视觉。造访者是在越过打开的窗户，通过复眼寻找到雌性大孔雀蝶的，这很合理。但此前在陌生的屋外，大孔雀蝶的视力竟能穿透厚厚的墙壁，在几公里之外完成这样的奇迹，那就太不可思议了。

声音同样无法承担这一使命。大腹便便的雌性大孔雀蝶虽然能唤来几公里之外的情郎，可它却异常安静，即使最灵敏的耳朵也听不到它发出的哪怕一丁点儿声音。用沉默来蛊惑几公里之外的雄性大孔雀蝶，这实在说不过去。

那么最后可以解释的只有气味了。是否真的存在某种类似于被我们称为气味的但我们感觉不到却能为那些嗅觉比我们更加灵敏的昆虫所感知的细微物质呢？有必要做一个实验来验证一下。

于是，我悄悄地把樟脑粉撒在雄性大孔雀蝶晚上将要抵达的房间里，又在雌蝴蝶身边放了一只装满樟脑的小圆盘。只要雄蝴蝶进入房门，定能闻到弥漫在房间内的强烈的樟脑气味。

让我没想到的是，我的伎俩彻底落空了。大孔雀蝶一如往常：它们进入房间，对人为放置的气味视若无物，毫不犹豫地穿过弥漫着强烈刺激性气味的空气，扑向了钟形罩。

所有的尝试归于徒劳，我刚建立的信心又开始动摇了。

更令人沮丧的是，那只雌蝴蝶死了，只留下了一堆不曾受精的卵。没有了实验对象，意味着我的实验只能暂时放一放了，只能等来年再试试运气了。

为确保万无一失，我事先做足了准备。

来年夏天，我以每条一个苏（法国旧辅币，二十个苏相当于一法郎）的价格购买了几只大孔雀蝶的毛毛虫。这笔不小的买卖可乐坏了邻居的几个小孩。每到星期四，只要一做完功课，他们就会漫山遍野地帮我找各种实验材料。一些对我的实验感兴趣的朋友也来助我一臂之力。

功夫不负有心人，我终于拥有了一大批大孔雀蝶的茧。更为难得的是，其中有十二只个头特别大。我断定里面一定是雌蝴蝶，错不了。

然而，一场挫折不期而至。五月的天气变幻莫测，貌似寒冷的冬天又卷土重来，强劲的西北风整天整天呼啸着，差点将我的种种准备化为乌有。我的大孔雀蝶们饱尝艰辛，不仅孵化得太晚，而且孵出来的都是些身体羸弱的蝴蝶。

这些先天不足的雌蝴蝶们在钟形罩里悄然等待着，可是始终没有等到前来寻偶的雄蝴蝶。偶尔只有我在花园里放飞的那几只长着大片羽饰的雄蝴蝶飞过来凑凑热闹，但它们进来一会儿，很快就又消失了，一去不复返。

难道是因为气温太低导致能提供信息的气味散发不出去？这些气味也许是遇热则强，遇冷则弱。这一年的工夫算是白费了。这种受制于某一短暂季节的反复和变幻的实验，何其艰难！

无论如何，实验还要继续，我只有在接下来的一年开始第三次尝试。

这一次，我同样做了充分的准备。从饲养幼虫、收集虫茧开始，到五月份的时候，我已经有了足够数量的虫茧。这一次，气候宜人，非常适合做实验，雌蝴蝶一出来。我就看到大量雄蝴蝶纷纷涌来。

从此，雄蝴蝶们每天晚上都会成群结队如约而至。而大腹便便的雌蝴蝶，则始终紧紧趴在钟形罩的金属网上，纹丝不动，它似乎对周围发生的一切都很冷漠，一副漫不经心、冷眼旁观的样子。

钟形罩外，没有争斗，只有旋风般的舞蹈。每天晚上十点前，总会有成群成群的雄蝴蝶扑向钟形罩的圆顶，不停地振动翅膀拍打着圆顶，千方百计想要进入钟形罩。但每一次它们都以失败告终。但每当有垂头丧气的雄蝴蝶通过打开的窗户失望而去，很快还会有新的来访者乘兴而来。它们就那样周而复始，不断尝试，即使厌倦，也会很快重新开始。

考验力度在继续升级。每个晚上，钟形罩的位置都会变动，时而在北面，时而在南面，时而在左侧，时而在右侧……我所能想到的地方几乎都试了。位置的飘忽不定甚至连我都有点儿晕头转向，然而这一切似乎都是徒劳，大孔雀蝶们对这种所谓的欺骗视若无睹，依然能准确找到钟形罩所处的位置。即便我要再多心计，雄蝴蝶总会紧跟着雌蝴蝶的脚步。

一般而言，雄蝴蝶是有能力做两到三次夜间远行的。那么，这些朝生暮死的情场老手首先会飞到哪里去呢？

正常来讲，它们应该在记忆的引导下回到前一天夜里约会的准确地点，发现那里一无所获后，再飞到别处继续搜寻。然而，事实恰恰相反，我发现没有一只雄蝴蝶再次出现在头天晚上热闹非凡的约会地点，它们直接飞到了雌蝴蝶所处的位置。

我得另寻他路了。这是否和容器有关？一个大大的问号出现在我脑海里。

这么多天以来，雌性大孔雀蝶一直暴露在金属网罩里，如果我把它关到一个不透明的容器里，那些雄蝴蝶还能如此轻省地找到它吗？

如今，我们利用物理学制造出了依靠电磁波来传达信息的无线电报。在这方面，大孔雀蝶兴许还比我们先行一步呢！为了吸引周围的同类，为了召唤几公里以外的求爱者，刚刚孵化的雌蝴蝶可能拥有一种我们感觉不到的电波或磁波。这看似天方夜谭，可我觉得昆虫都习惯于这些不可思议的发明创造，它们的天赋不可小觑。

为了达到密不透风的效果，我把雌蝴蝶关进了由白铁皮、木头、硬纸板等各种材料做成的盒子里。盒子包裹得严严实实，并用含油的胶泥加固。我还用一只玻璃钟形罩把这些盒子罩了起来，最后把它们放在一块玻璃窗的绝缘支撑物上。这样的绝对密封，雄蝴蝶还能飞来吗？

这果然成了不可逾越的障碍，没有一只雄蝴蝶飞来。

之后，我又换了几种封闭方式。我把雌蝴蝶放进一只大口瓶，在瓶口用绳子厚厚地扎了一层棉花，谁知就是这两指之厚的棉花层，就足以应付附近所有的雄蝴蝶。

但与此同时，只要我稍微放松警惕，改换成封闭不那么严实的盒子，再把它们藏进抽屉或衣橱里。结果是，仍然会有大批雄蝴蝶前来用翅膀"笃笃"地撞门，数量丝毫不逊于之前飞向金属网罩的雄蝴蝶。这些小家伙不知来自何处，飞向何方，但它们对于盒子里的雌蝴蝶却是一往情深。

如此看来，要想传播信号，关押雌蝴蝶的容器不能完全密封，以允许容器内外的空气相互流通。一旦出现绝对的屏障，雌蝴蝶发出的信号马上就被阻断了。也就是说，类似于无线电报的信息传递的方式解释不了我眼前发生的这一切，无线电报可不会因为那么一点儿障碍就被阻断。

一切又回到了原点——气味，而这一可能性在前面的樟脑实验中被我否定了。

问题悬而未决，大孔雀蝶茧子却已经用完，来年是否还要继续？我选择了放弃，原因很简单：灯光。大孔雀蝶的婚礼总在夜晚举行，要想跟踪观察其行为习性，必须使用灯光，而灯光会使雄蝴蝶偏离原来的目标，耽误正事。它们如果被耽误太久，会大大降低它们的成功率。灯光成了我这个观察者和那些被观察者之间难以调和的矛盾。

有一次，我把雌蝴蝶放在餐厅正对着窗口的饭桌上。天花板上亮着的汽油灯上装有宽大的白色搪瓷反光罩。雄蝴蝶们陆续飞了过来，只有两只停在了钟形罩的圆顶上，向被囚的雌蝴蝶热烈示爱；而另外的雄蝴蝶则发狂地直奔灯光，全然不顾囚禁在金属网罩里的心上人。只是试探性地飞了一会儿的工夫，它们就完全被乳白色锥面所发出的光亮所征服了，仿佛着了魔一般，一动不动地停留在那儿。孩子们已按捺不住想动手去捉它们了。"别打扰它们，"我说，"让它们好好享受这光明给它们带来的愉悦吧！"

醉人的灯光远胜过甜蜜的爱情，这些雄蝴蝶对光亮竟如此痴迷，让我更坚定地放弃了观察大孔雀蝶及其夜间婚礼的想法。

我或许应该把注意力转向另一种完全不同的蝴蝶，一种和大孔雀蝶一样痴情于和恋人约会，但时间却在白天的蝴蝶。不过，在此

小孔雀蝶

之前，我想谈谈一只新来的蝴蝶——小孔雀蝶。它是在我结束对大孔雀的研究之后偶然发现的，完全是个意外之喜。

在我结束了对大孔雀蝶的研究之后，有个朋友给我带来了一只茧子。那是一只非常特别的茧子，上面每隔一小段距离就裹着一层宽大的白色丝套，且分布有许多不规则的褶皱。

包裹在丝套里的茧形状极其类似于大孔雀蝶的茧，只是体积要小得多。丝套的前端都是用形状各异的小树枝编织而成的网格，既可以阻止外族入侵，又能让茧的主人出入自如。我相当确定，这里面不就是夜间活动的大孔雀蝶的同类吗？我欣喜不已。

果不其然，不久之后的一天上午，一只美丽的雌性小孔雀蝶破茧而出。它非常漂亮，身材和装束都极为美丽。它身披波纹状的棕色天鹅绒外衣，颈上围着白色的毛皮围巾，前翅膀尖端上，胭脂红的斑点点缀其间；四只大眼睛里，泛着黑色、白色、红色和黄赫色的光斑。这打扮几乎和大孔雀蝶一模一样，而且颜色更为绚丽耀眼。

雌性小孔雀蝶一出茧，就被我关进了工作室的钟形金属网罩里。我打开窗户，给那些寻找爱人的雄蝴蝶留出一条自由通道。

雄性的小孔雀蝶，我还从未见过。只是从书本上得知，它们比雌小孔雀蝶小一半，后两瓣翅膀呈橙黄色，颜色更加花哨艳丽。

这一次，它们会不会大驾光临呢？我很期待。我相信，有这只正值妙龄的雌蝴蝶在，它们现身是迟早的事。

它们果然来了，而且来得比我想象的还要快。

一天中午，我们正在餐厅吃午饭，小保尔突然兴高采烈地跑了进来。我的眼睛一下子就瞥到了他手指中间扑腾着翅膀的漂亮蝴蝶。看到这个陌生的造访者，我噌地一下站了起来："这正是我们期待已久的来客，快去看看！"

眼前的奇异景象让人震撼。在雌蝴蝶魔法般的召唤下，戴着漂亮羽饰的雄蝴蝶纷至沓来。尽管经历了长途跋涉，但它们最终抵达了目的地，见到了自己朝思暮想的梦中情人。

在感受这种美好时，我始终不忘观察，并发现了一个很重要的细节：所有这些雄蝴蝶都是从北面飞进花园的。当时的温度虽有所回升，但北风依然在无情地呼啸着。而所有奔向雌性囚犯的雄蝴蝶都是顺风而来，没有一只逆风而行。如果助它们一臂之力的是某种和人类相似的嗅觉感官，如果它们是通过散布在空气中的气味微粒来辨别方向，那么它们应该逆风而来才对啊。可它们却来自北面。

在这凛冽的西北风盛行的季节，气味微粒的走向应该与风向相悖。我有点儿百思不得其解，它们不可能在远距离之外嗅到类似于气味的东西。显然，气味传递信息的假设也不能成立。

此后，整整一个星期的时间里，雄蝴蝶都会在每天中午太阳最强烈的时候飞来，数量有将近四十只，但有越来越少的趋势。我并不打算重复这样的实验，因为它们不会带来任何新的突破，对于我已知的情况也不会带来新的补充和解释。

最后，我总结了两个现象：

其一，小孔雀蝶非常依赖充足的阳光，所以它在白天太阳最为强烈的时候举行婚礼。而大孔雀蝶却恰恰相反。两者存在的这种奇特差异令人百思不得其解。

其二，尽管强烈的气流从逆风方向将所谓的气味微粒席卷一空，却并未成功阻止雄蝴蝶成功到达目的地。这与我们的物理学所设想的完全不符。

我的好奇心仍在发酵。可是小孔雀蝶来得太晚了，很多问题已经不需要它来解答。现在的我更需要另外一种蝴蝶，一种能勇敢地实施求婚壮举并在白天举行婚礼的蝴蝶。这个愿望能实现吗？

昆虫小档案

怎么区分蝶和蛾？

蛾与蝶都有艳丽的外表，形态也十分相似，因为它们都属于昆虫纲的鳞翅目。你知道怎么区分这姐妹俩吗？我们分别来看一下它们各自有什么特点：

蝶类的特点：

1. 多数蝶类翅膀正面的鳞粉色泽亮丽，翅表面没有绒毛。少数蛱蝶科的蝶类后翅根部有较明显的绒毛。

2．多数蝶类有顶端膨大的棒状触角。

3．蝶类休息的方式是四翅合拢竖立于背上。

4．蝶类躯干上被毛稀疏（需与蛾类比较）。

5．蝶类腹面可见的后翅根部呈弧形，有助于飞行的速度提升，因为蝶类在白天活动的平均飞行速度快于蛾类。

6．蝶的活动时间通常在白天。

蛾类的特点：

1．蛾子不分昼夜地飞，大多数都是棕色或者黑色，很少有颜色如蝴蝶一样鲜艳的蛾。

2．多数蛾类触角顶端呈针尖样弯曲或整个触角呈羽毛状，少数蛾类（天蛾科、斑蛾科）由于白天活动所以触角与蝶类相似。

3．蛾类休息的方式多数都是将四翅平铺。

4．蛾类躯干部被毛一般都很浓密。

5．大多数蛾类的腹面后翅根部是平滑的，弧度很小，这跟蛾类在夜间飞行速度慢有关。

6．蛾的蛹有茧。例如，蚕丝就是从蚕蛾的茧里提取的。

小条纹蝶的婚礼

得到这些东西，对我来说完全不费吹灰之力。实际上，我已经得到了。

每隔几天，就会有个七岁的男孩到我家来贩卖萝卜和番茄。虽然他并不是天天能把脸洗得干干净净，但是他的脸上依然透着股机灵劲儿。每次来，他都不穿鞋，破烂的短裤用绳子随意地系着。

这天早晨，他照例到我家来卖菜。孩子收了菜钱，认真地数了一番，这可是他母亲期待已久的钱呢！

清点好菜钱后，他在口袋里一阵儿掏，然后拿出了一个小玩意儿——是个茧。他告诉我，这可是他前一天在篱笆那边割兔子草时的意外收获。

他问："这个，您要吗？"说着他将小玩意儿递给了我。

"是的，当然要啊。如果你还能多给我些，我这个周日就带你去玩旋转木马，怎么样啊？而且，我的朋友，我再给你点儿钱。收好

小条纹蝶

了，和刚才的菜钱分开放，别和妈妈报账时弄错。"显然，这些钱对男孩来说是笔巨款了。

头发蓬乱的小家伙用力点点头，满口答应。

孩子离开后，我认真地查看了那意外收获的小玩意儿。太棒了，简直物有所值。这是一只漂亮的圆形茧子，钝钝的，看上去很像蚕茧，摸上去硬硬的，颜色是浅浅的黄褐色。

它应该是橡树蛾的茧。这是我凭借书本上的零星知识得出的初步结论。如果真是这样，那简直就是个意外的惊喜，因为有了它我就能继续此前的研究了。运气好的话，我还能借此完善之前对大孔雀蝶的初步研究。

事实上，橡树蛾是蝶蛾类中最值得研究的品种。尤其是它们的婚礼，几乎所有的昆虫论著都会提及它在婚礼时的壮举。据说，不管雌蛾是关在房间，还是藏在盒子里，或是被人类俘虏远离田野、混迹繁华都市；一旦孵化，所有的雄蝴蝶，住在草丛里的也好，树林里的也罢，它们都会第一时间得到消息，然后在神奇的罗盘指引下，千里迢迢，飞过遥远的田野匆匆赶到雌蛾身边。它们会围着雌蛾藏身的盒子或是什么地方，侧耳倾听，来回盘旋。

当然，这些神奇的传说并非我亲眼所见，都是从书本上看到的。如今，我为了一睹此种盛况付出多大代价都是值得的，到底会有怎么样的惊喜在等着我呢？这只茧子里会是传说中那种千里追寻爱情的橡树蛾吗？

其实，它还有一个更美丽的名字——小条纹蝶，我更喜欢用这个名字来称呼它。这个名字源于雄性蝴蝶绚烂的外衣。它们的外衣和僧侣穿的浅红色长袍有点儿像，而且有过之而无不及。因为僧侣们穿的不过是棕色的粗呢袍子，而雄性蝴蝶穿的可是质量上乘的天鹅绒外衣，还绣着浅色的横向条纹。它们前面的两对翅膀上还有两个小白点，就像是一双眼睛。

我们这一带，小条纹蝶并不多见，即使你装备齐全，想找到一只这样的蝴蝶恐怕也不是什么容易的事情。我在此地常住，足足有二十多年了，可是在我的庄园里，甚至在僻静的花园里，我从来没有见过它们。

当然，我可不是什么昆虫猎手，没事干到处抓虫子。至于别人收集的那些死去的虫子，我也没什么兴趣。我喜欢活的虫子，是那种可以为我展示它们绝技的活生生的虫子。虽说我不如收集者狂热，但依然痴迷于生存在野外的那些生机勃勃的小昆虫。所以，在过去的二十年里，如果我有幸看到过一只小条纹蝶，不管是身材还是装束都如此出众，我肯定会抓住它的。

之前那个卖菜的男孩子给了我一只茧，我许诺如果他能再给我一只小条纹蝶的茧，我就带他去玩旋转木马。然而，即使有如此大的诱惑力，他也没有再找到第二只茧了。

我用了三年时间，发动所有朋友和邻居，其中不乏那些耳聪目明、身手敏捷的年轻人，希望他们帮我再找到一只。就连我自己也会不时到枯叶堆下、乱石丛中一通乱翻，甚至空洞的树干我也没有放过。即使如此耗尽心力，依然一无所获，这珍贵的茧子再也找不到第二只了。

这一切都说明在我们这个地区，小条纹蝶是何等罕见！等到时机成熟，我们就知道现在我说的这个细节是多么重要了。

事实证明，我的推测是正确的。我手里这个特别的茧就是那种著名的小条纹蝶。

八月二十日，一只雌性小条纹蝶破茧而出，它大腹便便，外表和雄蝴蝶差不多，不过颜色更淡些，呈米黄色。

我在工作室中间的大桌子上放了一个钟形金属网罩，初生的小蝴蝶就住在里面。罩子的周围堆积着各种杂物，书、瓶子、瓦罐、盒子、试管以及其他器械一应俱全。读者都了解这个地方了，之前大孔雀蝶就是住在里面的。

工作室有两扇面向花园的窗户，以便阳光可以随时照进来。我关上一扇窗，而另一扇故意留着，二十四小时保持开放。小蝴蝶的家就位于两扇窗子间四五米宽的中间地带，所以经常是一边有阳光，一边处于昏暗中。

小蝴蝶出生两天了，一切安好，什么特别的事情都没有发生。被囚的小条纹蝶前爪抓在网罩，在有太阳的一边一动不动地趴着。小翅膀，小触须都安安静静的，没有一丝抖动。这里的一切和之前的大孔雀蝶一模一样。

这只雌性小条纹蝶发育渐渐成熟，细嫩的肌肉开始长成结实的肢体。或许它的身体正在发生着不为人知的变化；或许这种变化就会演化成一个巨大的爱情诱饵，让来自四面八方的求爱者为之痴狂。

到底是怎样神奇的变化呢？它的身体会出现怎样的蜕变？在未来的几天里，这样的蜕变会给周围的环境带来怎样的巨变？我们将拭目以待。假如有一天，我们能窥探其中的秘密，也许我们对于它们的认知也将更进一步了。

第三天，蝴蝶新娘彻底长成了。举世瞩目的旷世婚庆即将开始。对此一无所知的我那时正在后花园里哀叹失败的实验。时间那么久了，什么都没有发生，我有些心灰意冷。

可是，就在大概下午三点的时候，晴好的天空中突然成群结队地飞来一大群蝴蝶。它们盘旋在敞开的窗户前久久不愿离去。

这就是那些慕名而来的求爱者吧！它们有些在屋外盘旋，有些干脆直接飞到房间里，还有些则是趴在墙壁上，大概是长途跋涉的求爱之旅让它们疲倦不堪，需要休息一番，才能直面屋内的佳人。

远远地，我还看到有些蝴蝶正在飞越高墙，飞越柏树林的天然屏障，飞向我的房间，目标无疑就是屋子里的蝴蝶新娘。

蜂拥而至的蝴蝶来自四面八方！哦，我错过了最初的热闹景象。如今，一切准备就绪，大家也就各就其位了。

我赶紧跑回楼上的工作室。之前大孔雀蝶展现给我的绚烂场景，如今再次呈现在我眼前，我有点不知所措。上次是晚上，现在可是大白天，我可以清清楚楚地看到每一个细节了。

一群雄性蝴蝶在工作室上方翻飞起舞。我睁大了眼睛在蝶群中辨识，粗略估计大概有六十多只。蝴蝶们围着金属罩子飞舞，有些暂时飞出窗外，但是很快又回来，继续之前的动作。还有些急性子干脆停在罩子壁上，一动不动，它们用爪子彼此推搡，排挤着竞争者。外面热热闹闹，可是罩子里面的雌蝴蝶依然停在罩子的网纱壁上，依旧大腹便便，冷冷静静，好像外面的事情和它没有什么关系。

连续三个小时，雄蝴蝶不知疲倦地在屋里屋外来回飞，不是在罩子外趴着求爱，就是在屋子里翩翩起舞。

随着太阳偏西，气温开始下降，蝴蝶们从疯狂回归到理智，求爱者的热情也逐渐消散了。很多蝴蝶都飞走了。留下的蝴蝶则自己找地方休息，等待着第二天的狂欢。和之前的大孔雀蝶一样，有些小条纹蝶也在窗子的横档上停下来。第一天的求爱历程就这样结束了。

可是，让我不解的是，第二天的求爱场面却没有出现。这一切都是因为我的失误造成的。当晚，我竟然不留神将一只小螳螂放到了关蝴蝶的罩子里。虽然螳螂个头不大，却是名副其实的噬肉的虫子啊！让它和小蝴蝶共处一室，结果会是怎样，不言而喻。本来我以为，螳螂是那么瘦小，蝴蝶那么健壮！所以根本没有当回事。可是，我低估了螳螂对屠杀的狂热。它们天

174

生就是屠杀者！

第二天，当我走进工作室，眼前的惨剧让我既痛苦又惊讶，只见健壮的蝴蝶已经被瘦小的螳螂吞食了很大一部分，头和胸部以上的部分已经什么都没有了。这是何等的惨状啊！这只坏螳螂让我陷入了极大的痛苦和自责中。

准备了三天的研究就此毁于一旦！没有了研究对象，我就没法做观察，一切都完了。

幸好在我的失误出现之前，我还是多少获得了些成果。这次盛大的婚礼中，前后飞来六十多只雄蝴蝶。小条纹蝶在我们这一带非常少见。多年来，我和助手们多方搜索，一直没有收获。如今整整六十只小条纹蝶齐刷刷地出现在眼前，我们所有人都惊呆了。

为了追逐一只雌蝴蝶，原本遍寻不见的雄蝴蝶如今大规模地匆匆赶来，数量之多，不得不让人感叹！

我们不知道它们到底从哪里来？不过，有一点是肯定的，它们一定经过了长途跋涉，从不同的地方聚集到这里。长时间以来，我一直对这一带进行详细勘测，我熟悉每一丛荆棘和每一堆石头，因此我可以保证此地绝无小条纹蝶这样的品种。聚集在我工作室里的那一大群蝴蝶，几乎应该是周边地区所有的雄性小条纹蝶。到底这个范围有多大，我真的不敢确定。

三年之后，我又得到了两只小条纹蝶的茧子。大约在八月中旬，在相隔几天的时间里，从两只茧中分别孵化出一只雌性小条纹蝶。我终于有机会继续之前未完成的实验了。

我很快重复了之前的实验，就是在大孔雀蝶身上已经得到了确定结果的实验。

比起夜晚狂欢的大孔雀蝶，习惯白天求爱的小条纹蝶在灵活性方面，一点儿都不差。它们能迅速突破我设计的障碍。不管我将钟形金属罩放到什么地方，雄性小条纹蝶都能准确无误地找到囚禁在其中的雌蝴蝶。我把雌蝴蝶藏在壁橱里，疯狂的求爱者依然能找到。

我拿出很多盒子，将雌蝴蝶放到其中一只里。只要盒子没有盖死，雄蝴蝶依然能准确找到爱侣。当然，假如盒子被盖上，一切线索都会消失，雄蝴蝶也就束手无策了。到目前为止，实验的结果与之前大孔雀蝶的反应一模一样。

如果盒子被盖严实了，里外的空气不流通，雌性蝴蝶的信息就不能发出。那么，哪怕囚禁雌蝴蝶的盒子近在咫尺，雄性蝴蝶都无动于衷。

于是，我推测雌性蝴蝶是通过气味吸引异性的。这种气味会被金属、木头、硬纸板、玻璃等材料介质所阻挡。

可是，这个推测好像站不住脚。我发现，樟脑对夜间活动的大孔雀蝶似乎没有任何影响。按理说，有强烈刺激性味道的樟脑完全可以盖过雌蝴蝶的气味。要知道，后者的气味很微弱，以至于人几乎都闻不到。

如今我在小条纹蝶身上重复同样的试验。我拿来药箱里所有散发刺激性味道的东西，它们或者很臭，或者很香。不管是什么味儿，够刺激就好，我将这些全部放了上去。

我将刺激性物体分装到十几只小碟子里，有些放了樟脑，有些放了宽叶熏衣草精油，还有些放了石油。我甚至在一些小碟子里放了很难闻的硫化物，闻起来就像臭鸡蛋一样难闻。满屋子的怪味道，几乎可以把这个小囚犯熏死了。

然后我把这些小碟子放在雌性小条纹蝶的囚室——金属钟形罩里面以及四周。一切准备就绪，只等着看被召集来的雄蝴蝶如何突破气味的障碍找到心上人。

整个下午，我的工作室变成了一间配药房，熏衣草芳香混杂着硫化物的恶臭，说不出的难闻，让人厌恶之极。不仅如此，这个房间里还弥漫了多种混合气味，例如煤气、烟草、香水、石油、发臭的化学物等。雄性小条纹蝶能在如此复杂的味道中找到心上人吗？

完全没有问题。三个小时的时间里，蝴蝶们照例蜂拥而至。它们一个个准确地飞向了钟形罩。为了增加难度，我还在罩子外面密密地裹了一层厚布。

蝴蝶们飞了进来，复杂的气味早已将之前的微妙味道遮住了。它们径直飞向雌蝴蝶所在的位置，想尽办法要钻进蒙着厚布的罩子里与雌蝴蝶约会。我失败了！

这次的结果和之前发生在大孔雀蝶身上的情景，一模一样。即使有樟脑，大孔雀蝶依然能无障碍找到自己的目标。

这么说来，我也许应该改变想法，或许吸引雄蝴蝶的并不是雌蝴蝶的独特气味。但是，因为一个偶然的发现，我继续坚持了我的观点。有些时候，意外之喜会为我们指明寻找真理的道路。

也许是良好的视觉让雄蝴蝶们准确无误地找到了雌蝴蝶。于是，我在某天下午设计了一个实验来验证这个猜测。我把雌蝴蝶放到一节带着枯枝的橡木枝上，然后再罩上玻璃罩子，放到桌子上，对面就是打开的窗户。

这样一来，只要雄蝴蝶一到屋里，就会第一眼看到桌上的雌蝴蝶，因为它就在它们的必经之路上。之前，雌蝴蝶是躺在金属罩下的一只瓦罐里，过了一夜和一个上午。现在，蝴蝶搬到了玻璃罩里，移居到了窗口，那么金属罩和瓦罐就成了碍手的东西，于是我就随手将它扔到了房间另一头的昏暗角落里。那里离窗户有十几步。

后来发生的事情，让我一下子摸不到头脑。求爱的雄蝴蝶对窗边一眼就能看到的雌蝴蝶根本没有反应，没有一只停在玻璃罩子上，而是一窝蜂地飞到了房间另一边放置金属罩和瓦罐的昏暗角落。

它们在那里四处搜寻，扑打着翅膀。一整个下午，金属罩那里都热闹非凡，就好像雌蝴蝶真的在里面一样。后来，有些雄蝴蝶飞走了，但是另一些依然坚持留在金属罩那里，就像有什么特殊的力量在吸引着它们一样。

这样的实验结果让人惊讶。雄蝴蝶们在空荡荡的金属罩子上停留着，却无视囚禁着雌蝴蝶的玻璃罩，尽管它就在它们一目了然的地方。它们一次次飞过玻璃罩，我相信它们肯定看到了罩子里的雌蝴蝶，但是不愿意停留。它们被诱饵迷得神魂颠倒，却放弃了真正的恋人。

这是怎么回事呢？雌蝴蝶在金属网罩里待了一夜和一个上午，有时吊在纱网上，有时窝在瓦罐里的沙土上。凡是它碰过的东西，特别是它的大肚子碰过的东西，都会沾染上一种特别的气味。也许这才是吸引雄蝴蝶的致命武器，是雌蝴蝶的诱饵，也是导致小条纹蝶盛大婚礼的原因。沙土将这样独特的气味保存并四下传播。

所以，小条纹蝶是借助嗅觉寻找配偶。雄蝴蝶只受气味的引诱，眼见的一切都可以忽视。它们途经囚禁着情人的玻璃罩子，却无动于衷，只是盲目地奔向散发着独特气味的网罩和沙土。可是等待它们的只有空空的居所，雌蝴蝶早已人去楼空，徒留曾经的气味。

对雄蝴蝶有致命吸引力的气味需要一段时间的酝酿。这种气味会慢慢地散发到空气中，凡是雌蝴蝶大肚子接触过的东西都会被沾染。虽然玻璃罩就在桌子上，甚至放在玻璃板上，可是因为气流不能流通，雌蝴蝶的味道无法散发到空气中，所以不管持续多久，雄蝴蝶都嗅不到，也就不会被吸引。

目前，我还不能肯定是因为气味不能渗透某种介质，导致雄蝴蝶失约。我曾经尝试用三个垫块将玻璃罩高高垫起，这样罩体和底座之间就会有空隙，保证了空气自由流通。

最初，雄蝴蝶仍然不会在这里停留，虽然此时房间里已经积聚了很多雄蝴蝶。可是，半个小时以后，盛有雌性精油的蒸馏器开始工作，散发出特有的气味，求爱者又会像潮水一样涌向雌蝴蝶。

有了这样的经验后，我又进行了各种实验，但是结论几乎一致。

早上，雌蝴蝶被我关进了金属网罩，待在和过去一样的橡树枝上。它死寂地待着，一动不动。很长一段时间里，它的整个身体都埋在叶子中，这样叶子就沾染了它的气味。估计雄蝴蝶要登门的时候，我拿出沾着雌蝴蝶气味的树枝，放在窗口附近的一把椅子上。同时，雌蝴蝶继续被囚禁在金属罩里，放在雄蝴蝶的必经之路上——房间正中的桌子。

雄蝴蝶们来了，一只、两只、三只……越来越多。它们飞来飞去，一直在窗户边徘徊。窗户不远的椅子上就放着那个橡木枝。可是，雌蝴蝶的囚禁处——桌子上的大罩那边，却几乎没有任何访客造访。很明显，雄蝴蝶们有些犹豫，一直在寻找它们的伴侣。

它们最终找到了。不过，它们找到的是那段橡树枝，是大肚子雌蝴蝶上午曾经休息过的床铺。雄蝴蝶们欢快地扑腾着翅膀，在叶子上停留下来。它们寻寻觅觅、四处探索，树叶被抬起来、移动起来，甚至它们还将那段轻巧的树枝打翻在地上。可是雄性蝴蝶们依然不放弃寻找。它们用翅膀撞击，用爪子拍打，小树枝在地上不停旋转，好像是淘气的小猫在戏弄一团皱纸。

　　当搜索队伍带着小树枝一同远去后，两位新客造访了这里。小树枝曾经停留的椅子依然在它们的必经之路上。两只小条纹蝶停了下来，再一次在小树枝曾经覆盖的地方反复搜寻。

　　这两拨雄蝴蝶都忘记了，它们真正寻找的对象其实一直在离它们很近的金属网罩里，甚至网罩还没有加盖。但是，没有一只雄性蝴蝶注意它。它们一窝蜂地去地上翻找那段小树枝，或是继续在椅子上寻找熟悉的味道。

　　夕阳西下，该回去了。引发情欲的气味也逐渐消散。于是，求爱者们开始离开，新的蝴蝶也不再飞来。明天会有怎样的故事呢？

　　接下来的实验证明，橡树枝可以用各种材料代替，虽说这段带有树叶的橡树枝是我突发奇想而来。早些时候，我把雌蝴蝶放在各种材质的床上，如呢或者法兰绒，棉絮或者纸，甚至坚硬的木头、玻璃、大理石或金属。经过一段时间的接触，这些材质都会被雌蝴蝶的气味渗透，然后成为刺激雄蝴蝶情欲的春药，甚至完全可以和雌蝴蝶相比。

当然，不同的材质，保留气味的时间也是不同的，对于雄蝴蝶的吸引力的时长也不一样。时间最长、效果最好的是那些松软的材质，如棉絮、法兰绒、尘土、沙土。而质地密集坚硬的东西则差一些，如金属、大理石、玻璃，只能维持很短的时间。

　　我们选择法兰绒做雌性蝴蝶的床——这可是最容易渗透的材料，让我们看看会发生什么？

　　我将一只雌性小条纹蝶放到一块法兰绒上。一个上午后，我再将这块法兰绒放到一根长试管或一个恰好可以通过一只蝴蝶的短颈广口瓶里。

　　很快，有趣的一幕出现了，来访的雄蝴蝶们自投罗网地飞进了容器，之后不管如何挣扎，都无法逃脱牢笼。这是我设计的一个陷阱，它们自己钻进了容器里，我则可以将它们统统杀死在里面。

　　但是，我还是释放了这些可怜的求爱者。然后我把之前的法兰绒也取了出来，再次藏到一个密封的盒子里。蠢笨的雄蝴蝶刚刚逃脱牢笼，竟然再次上当，心甘情愿地再次回到广口瓶边，有的甚至再次钻了进去，法兰绒留在玻璃上的气味对它们是致命的吸引。

　　我之前的假设得到了证实。求偶的雌蝴蝶会散发出特殊的气味，周围的雄蝴蝶就是在这种独特气味的引导下参加婚礼的。不管离得多远，因为有气味的指引，雄蝴蝶都会准确无误地找到雌蝴蝶。当然，雌蝴蝶发出的气味很微弱，人类几乎闻不到。即使用鼻子紧贴雌蝴蝶，那些嗅觉灵敏的年轻人，也闻不到什么。

但是，凡是雌蝴蝶待过的地方，碰过的东西，很容易就会沾上这样的味道。而且一旦沾上，就会长时间地附着，然后这个东西就和雌蝴蝶一样会对雄蝴蝶构成致命吸引。

但是，这种气味我们无法探测到，也没法证明它的存在。雌蝴蝶刚刚待过的纸张边上，一大群雄蝴蝶急切地打着转儿，可是你看不到纸上有任何特殊的痕迹。

气味的酝酿需要一段漫长的时间，才能有更好的效果。我们给雌性蝴蝶换了地方，它会暂时失去这种气味。可是，它原来栖息的地方渗透了它的气味，就会成为雄蝴蝶追逐的对象。当然，雌蝴蝶的吸引力只是暂时丧失，很快就会恢复，再次又会成为雄蝴蝶的追逐对象。

不同品种的蝴蝶，气味的出现也不同，有的早些，有的晚些。雌蝴蝶孵化后需要经过很长的时间，才能成熟起来，才能有自己的气味。

雌大孔雀蝶有时早上孵化，晚上就会引来大批追求者。不过，一般情况，需要等到孵化的第二天，需要经历四十多个小时的成熟期，雌蝴蝶才能实现这样的功能。雌小条纹蝶的吸引力形成得更晚，大概在孵化后的第二、第三天，才会打出自己的征婚广告。

我们还要研究一下雄性小条纹蝶的触须在求爱的过程中起了怎样的作用。大孔雀蝶和雄性小条纹蝶追逐异性的过程很类似。而且，它们都长着美丽的触须。我们试想一下，也许这些长长的成页状的触须是它们求偶时的指南针。这样的推测是否正确需要后面的实验给予证明。于是，我又重复了先前在大孔雀蝶身上做过的截肢试验。

根据之前的经验，我们对实验的结果并不抱太大的希望。果然，被截去触须的蝴蝶一只都没有飞回来。当然，我们也没有因此就证明触须是求爱的导航器。根据在大孔雀蝶身上所做的实验，我们知道，雄性蝴蝶不再回来应该还有别的更重要的原因，截去触须不过是其中微不足道的一个因素。

还有一种和小条纹蝶很类似的蝴蝶——苜蓿蛾，同样长了美丽的触须。在它的身上，我们看到了一个很奇特的现象。苜蓿蛾是我们这个地区常见的昆虫品种。我在花园里就可以轻易找到它的茧。

它的茧和小条纹蝶的茧很像，极易混淆。我就有过这样的上当经历。我在花园里找了六只茧，满心期待着能孵出六只小条纹蝶。没想到八月底的时候，茧里孵出的却是六只不知名的雌蝴蝶，压根不是小条纹蝶。我家周边有很多雄性蝴蝶，它们都有着漂亮的羽毛，可是它们似乎对我家刚出生的六只雌蝴蝶一点儿兴趣都没有，也没有见到它们飞来求偶。

如果我们的推测是正确的，蝴蝶宽大的羽状触须可以接受遥远地方的配偶信息，那么难道是我周围的雄苜蓿蛾邻居没有用长长的触须获得"此处有佳人"的征婚信息吗？为什么它们漂亮的触须对这样的信息保持冷漠？而另一种小蝶蛾却会蜂拥而至呢？由此可以证明，器官并不是它们远道而来的原因。同样长着类似器官的昆虫，不一定就有同样的能力。

昆虫小档案

蝴蝶

蝴蝶，翅膀阔大，颜色美丽，静止时四翅竖于背部，腹瘦长，吸花蜜，种类繁多，也称"蛱蝶"或"胡蝶"。

蝴蝶翅膀上的鳞片不仅能使蝴蝶艳丽无比，还像是蝴蝶的一件雨衣。因为蝴蝶翅膀的鳞片里含有丰富的脂肪，能把蝴蝶保护起来，所以即使下小雨时，蝴蝶也能飞行。

蝴蝶一生发育要经过四个阶段：受精卵、幼虫、蛹、成虫。一般蝴蝶成虫交配产卵后就在冬季到来之前死亡，但有的品种会迁徙到南方过冬。迁徙的蝴蝶群非常壮观，比较闻名的蝴蝶越冬地点是美洲的墨西哥和中国的云南等地。

全世界有一万四千余种蝴蝶，大部分分布在美洲，尤其在亚马孙河流域品种最多。中国约有一千二百种蝴蝶。

狡诈的寄生虫

临近夏末秋初，也就是八九月份的时候，天气依旧炎热，骄阳似火。此时，我们可以启程去光秃秃、寸草不生的山坡上试试运气。一定要找那种正面对着太阳、被晒得炙热发烫的斜坡，之所以如此，是因为只有在这种热不可耐、快被太阳烤焦的地方才能找寻到我们要观察的目标。

这些地方虽然条件十分恶劣，却是黄蜂和蜜蜂的乐土，它们正是在这样的土堆里辛勤劳作，小心翼翼准备着食物。黄蜂和蜜蜂做起事来总是有条不紊，它们的食物不会乱七八糟地堆在一起，而是分门别类，十分有条理。例如，它们会把象鼻虫、蝗虫或蜘蛛单独放在一处，蝇类和毛毛虫类放在一起，蜜则悄悄地贮藏在皮袋、土罐、棉袋里，甚至还会藏在用树叶精心编织的瓮里。

蜜蜂和黄蜂们在埋头苦干的时候，有些别的虫也没闲着，比如寄生虫。寄生虫，顾名思义，就是以寄生、依附方式生存的虫。它们可不是善类，它们总是急匆匆地从一个地方赶往另一个地方，沉着冷静地蹲守在别人家门口。它们可不是在走亲访友，其实思想复杂着呢！一般情况下，偷偷摸摸、鬼头鬼脑的行为总是暗含着某种阴谋诡计，而它们的诡计就是要伺机对别人下手，牺牲他人，方便自己。

这种行为很容易让我们联想到人类世界的钩心斗角、尔虞我诈。在外打拼的人们，劳苦了一辈子，终于为儿女留下了一点儿积蓄，却被某些心怀不轨的家伙给盯上了。因为贪婪，私欲膨胀，心怀不轨的人总是杀人、抢劫、绑架，无恶不作，攫取着本不属于它们的财物。而付出了所有心血的劳动者们，却只能眼睁睁地看着自己的劳动成果被强盗据为己有。

这样的事情无时无刻不在发生，罪恶与人类如影随形。昆虫世界也不例外，哪里有懒惰，哪里就有罪恶，那些无能的虫类为了生存都练就了不劳而获的本领。

蜜蜂们把自己的幼虫安置在密闭的小屋内或者丝织的茧子里，目的就是为了让幼虫们不受打扰，让它们安安静静睡一个好觉，直至长大变为成虫。然而，愿望虽然美好，却抵不过现实的残酷。母亲们再小心谨慎都避免不了落入敌人的圈套，因为对手的手段实在太卑鄙了。

你瞧，那些奇异的虫子，仅仅靠着一根针，就把自己的卵送到了主人——一条蛰伏着的幼虫旁边。多么神奇却又狠毒的手段啊，旁人绝对想都想不到。还有一些极小的虫子，趁着主人不备，边溜边爬地躲进了主人的巢穴，待到时机成熟，便一不做二不休，一口吃掉主人的幼虫，顺理成章地变身为新的主人。这些阴险毒辣的强盗，面对自己犯下的滔天罪行毫无悔意，不仅偷梁换柱——把别人的巢和茧子变成自己的巢和茧子，还谋杀善良的主人，俨然是无法无天的恶棍。

看看这个小恶棍吧！它身上长有红白黑相间的条纹，像极了一只难看而多毛的蚂蚁。只见它一步一停，仔细打探着爬过的斜坡，巡视着每一个角落，并借助触须小心试探着。

乍一看，你一定会误以为这不过就是只个头巨大、服装稍微漂亮点儿的蚂蚁而已。其实，它是一种没有翅膀的黄蜂，不仅远比你想象的强大，而且还是许多蜂类幼虫的天敌。为什么说它强大呢？因为它有一把短剑，一根利刺。

在经过来回反复的试探后，它突然停下来，像一个盗墓贼似的，用它那把利器使劲儿地往下探，挖着挖着竟然挖出了一个地下巢穴。从上面看，这个巢穴已经隐藏得相当好了，几乎没有任何痕迹，可是这家伙却好像有透视眼一般，能看到人类看不到的东西。现在，阴谋只得逞了一半，它当然不甘心，只见这个盗墓贼鬼鬼祟祟地钻进洞里，只停留了一会儿就出来了。才一眨眼的工夫它又干了什么勾当？原来它悄悄潜入了主人的茧子，乘机把自己的卵产在了熟睡中的幼虫旁边。待卵孵化成幼虫，就会干净利落地吃掉茧子的主人，反客为主。

还有另外一种虫，全身闪耀着灿烂的光芒，金色、绿色、蓝色、紫色……这就是昆虫世界里的蜂雀——金蜂。看到这幅可人模样，人们总会联想到美丽、善良等美好品质，但你千万不要被它的外表给骗了。金蜂其实是个十恶不赦的大坏蛋，从来都是以别的蜂的幼虫为食，谋杀、盗窃一个不落。

罪大恶极的金蜂不像其他虫子那般狡猾，一点儿都不精通挖人家墙角的方法，所以只得另寻他路——等到母蜂回巢时直接溜进去。这种方法虽然直接却很有效。你瞧，一个捕蝇蜂刚带着一些新鲜的食物回来准备喂养自己的孩子，一只半绿半粉的金蜂就肆无忌惮地闯了进来。

这个场景很是有趣：一个"侏儒"大摇大摆、堂而皇之地走进了"巨人"的家。但这个"侏儒"没有丝毫惧意，尽管对面的主人有着尖锐的刺和强大有力的嘴巴，它还是大摇大摆径直走到了洞的底端。与之相反，受到侵略的母蜂竟然惊呆了，一动不动，任由这个恶霸自由进出。母蜂仿佛受到了威胁，又或者是被金蜂往日的丑恶行径给震慑住了。

到第二年，如果我们挖开捕蝇蜂的巢，就会发现一些赤褐色的针箍形的茧子，开口处还留有一个扁平状的盖子。不过，这个精心造就的丝织摇篮早已易主，躺在里面的已经变成了金蜂的幼虫。那么，那些捕蝇蜂的幼虫哪儿去了呢？一山不容二虎，它们已化作破碎的皮屑，充当了斗争的牺牲品。面对强大的敌人，捕蝇蜂只得将自己一手建造的坚固摇篮拱手让人。

用外表漂亮、内心奸诈来形容金蜂实在再合适不过了。它的确长得非常美丽：金青色的外衣套住全身，腹部缠有"青铜"和"黄金"织成的袍子，尾部则系着一条飘逸的蓝色丝带。

不过，这样的外表却遮盖不住它的险恶用心。当辛勤劳作的泥水匠蜂刚为儿女筑好一座弯形的巢穴，吐着丝满怀憧憬地装饰小屋的时候，金蜂就开始在巢穴外蠢蠢欲动了。它的手段往往让人措手不及，一条细小的裂缝，一个小孔，就足以完成换卵的所有阴谋。于是，到了五月底，一个针箍形的茧子在巢里赫然出现，又一个沾满鲜血的恶棍横空出世，又一群蜜蜂的幼虫无辜被害。

众所周知，蝇类总是以强盗、小偷或者歹徒的面目出现。它们看似弱不禁风，仿佛用一根手指就可以把它们解决掉，但越是弱小越不可小觑。一个小小的生命，可能蕴藏着很大的杀伤力。

有一种浑身长满柔软绒毛的小蝇，娇滑柔软，脆弱得宛如一丝雪片，似乎轻轻一碰就会让它坠入粉身碎骨的万丈深渊。可是它们的飞行速度绝对会让你惊诧不已。在空中徘徊时，这个迅速移动的小不点儿的翅膀震动频率高得让你感觉不到它在运动，远看上去它就像是处于静止状态一般。一不留神，它就立马消失不见，而要想找到它可得费好大一番工夫，还不一定能找得到。它到底飞去哪儿了呢？其实，远在天边，近在眼前，它早早地就飞回到了你身边，只是你根本察觉不到它的飞行轨迹而已，速度实在太快了！

不过，它在空中飞行能打什么坏主意呢？千万别被它麻痹，在空中徘徊的它早就暗藏杀机，正等待机会随时准备把自己的卵放到别人的食物上。至于它的幼虫喜欢哪一类食物：蜜、猎物还是其他昆虫的幼虫？这个问题我不得而知。

还有一种灰白色的小蝇，爱干不劳而获的事。白天，它懒洋洋地蜷伏在沙地上，一边养精蓄锐，一边等待着抢劫的机会。每当各种蜂类带着猎物满载而归，比如马蝇、蜜蜂、甲虫、蝗虫，灰蝇就悄无声息地跟上来了。它时前时后，时左时右，眼睛死死地盯住目标，生怕一不小心就让它们从自己的眼皮底下给溜走了。就在目标们忙于搬运猎物的时候，灰蝇也着手行动了。说时迟那时快，猎物刚一进洞，灰蝇就飞过去停在猎物的末端，瞬间产下自己的卵。就这样，在极短的时间内，灰蝇完成了掠夺的任务。在主人们把猎物拖进洞的时候，新来的不速之客的种子也悄然而至。"坏种子"依靠着这些猎物成长，主人的孩子们只能活活饿死，真是引狼入室。

蝇类为了养活自己真可谓是作恶多端，它们专门侵占别人的巢穴、掠夺别人的食物和孩子，这种牺牲同类的可耻行径完全配得上它们"寄生虫"的称号。

相比之下，昆虫中的"寄生虫"就要高尚多了，它们不会洗劫同类，它们掠夺的都是其他种类昆虫的食物。例如上述所说的泥水匠蜂，它们从来不会对邻居家的幼虫虎视眈眈，也从来不会对邻居隐藏的蜜心怀鬼胎，除非邻居迁往了别处，或者已经死了。在这一点上，其他的蜜蜂和黄蜂也都达成了共识，永远不做掠夺同类的事。昆虫中的"寄生虫"尚能如此讲原则，我想人类中的"寄生虫"要为此而羞愧了。

昆虫的寄生，说到底就是一种"行猎取食"行为。比如那种长得难看像极了蚂蚁的蜂，它们总是到处作案，夺取别的蜂的幼虫来喂食自己的后代，这与其他蜂用毛毛虫来喂养自己的孩子似乎没有本质上的不同。猎手或者说盗贼存在于所有的食物链当中，寄生虫也不例外，至于如何看待它取决于每个人看问题的角度。

人类或许是世界上最凶狠的猎手，最可怕的盗贼。他们偷食蜜蜂的蜂蜜、小牛的牛奶，把几乎所有的动物变成了餐桌上的美味佳肴，占据着食物链的顶端。也许人类会说，我们要含辛茹苦拉扯孩子，这么做情非得已。然而，这种不择手段的行为和四处掠夺的灰蝇又有何区别呢？

昆虫小档案

寄生虫

寄生虫是指在宿主或寄主体内或附着于宿主或寄主的体外以获取维持其生存、发育或者繁殖所需的营养或者庇护的一切生物。许多小动物以寄生的方式生存，依附在比它们更大的动物身上。广义上来说，寄生虫也是病毒。

从自然生活演化为寄生生活，寄生虫经历了漫长的适应宿主环境的过程。寄生虫长期适应于寄生环境，在不同程度上丧失了独立生活的能力。对于营养和空间依赖性越大的寄生虫，其自生生活的能力就越弱；寄生生活的历史愈长，适应能力愈强，依赖性愈大。

人体也可以寄生寄生虫。对于寄生在人体的寄生虫来说，人体是它们理想的繁殖栖息地。它们可通过空气、饮用水、食物或直接接触进入人体。三十分钟内它们就可找到合适自己的栖息场所。

凶残的红蚂蚁

鸽子即使被遣送到离家百里之外的陌生之地，它最后还是能重回自己的小窝；而燕子在温暖的非洲避开寒冷的冬季后，也会毫不犹豫地穿越浩瀚的大洋寻找到曾经的旧居。我们不禁会产生这样的疑问：是什么在为它们指引方向呢？难道是视觉？

对于这一点，有许多人都在发表见解，其中值得一提的是图塞内尔[1]——《动物的才智》的作者，他是一位充满智慧的观察者，尽管他不善于研究被囚禁在玻璃罩内的标本，但他十分了解生活在大自然中的各种动物。在他看来，给爱好旅行的鸽子担当向导的是它本身的视力以及它对周边气象变化的感知。对于这个问题，他曾有过这样一段描述：在他所生活的法国，鸽子能凭借经验得知一些基本的气象知识。比如，北方带来的是冷空气，南方带来的则是滚滚热浪，东方气候干燥，西方则相对潮湿。这些对我们意味着常识的知识，却能给喜欢旅行的鸽子带来极大的福利。

1　图塞内尔(1803—1885)，法国著名新闻工作者，对动物，特别是鸟类颇有研究。

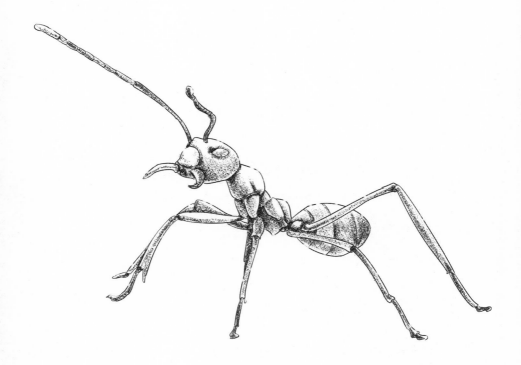

红蚂蚁

为了单独研究气象对鸽子的导向作用，曾经有人将一只鸽子放到有盖的篮子里，将其从北部的布鲁塞尔带到法国南部的图卢兹。由于篮子被盖上，这趟旅途中鸽子无法看到沿途的风景，但这并不能阻碍它对所处环境大气状况的感知。随着旅途向着温暖的地方延伸，它能确信自己是在前往南方的路途上。等到达目的地图卢兹，重获自由的鸽子自然能清晰地判断，往北飞才是回家的正确归途，而落脚之地的温度与旧居附近的温度接近就可以停止飞翔了。哪怕不能一次就准确无误地找到自己的家，但它离家也不会太远了。它接下来需要做的只是一小段时间的自由搜寻，这个误差在鸽子能容忍的范围。

　　图塞内尔的论述似乎具有很强的说服力，但这也仅限于南北向的移动，一旦用于解释等温线上的水平运动，就不中用了。更致命的是，这种结论还不能推及到其他的物种。

　　这样的反例是很容易找到的。比如说常见的猫，它绝对不会在迷宫似的街道里失去自己的方向，不管走多远，它总能悠闲地回到起点。显然，猫是不受视觉指引的，也不受气候指引。

　　不受视觉指引的还有我家里的那些石蜂，当它们被实验操作者带到茂密丛林深处释放时，你可以通过仔细观察来确认这个道理。石蜂的飞行高度不过离地两三米，这样的高度无法进行俯视地面也就无法完成绘制地形图的工作。而且，这样的工作对于它来说并不是必须的。它们只是在实验者身边逗留了一会儿，最后还是飞回了自己的蜂窝。视觉帮助这些石蜂避开了丛林的茂枝，还有突兀在地平面的丘陵山坳，但视觉却无法帮助它们定位方向。

除了视觉，气象起到的作用更是可以忽略不计。毕竟在如此之小的范围之内，气候的改变是几乎没有的。因此，我的那些石蜂不可能对周围的温度、湿度有太多的感知，它们来到大自然的时间只有几周而已。哪怕它们对于方向的判断十分敏感，但释放地和它们的住所地的气候实在差别不大，无法为它们的飞行提供方向上的信息。这样一来，我们只能将这个令人费解的现象用一种同样无法解释清楚的说法来解释，那就是：石蜂拥有一种连我们人类都不曾拥有的神秘官能。

达尔文关于这个问题的论述至今还是无人能推翻，他与我总结的观点类似。试图去了解动物对大地电流及身边所存在的磁场的反应，事实上已经默认了"动物对磁场是有反应的"这个基本观点。反观自身，我们不禁要问：人类是否也具备类似的感觉器官？

需要辨明的是，我讲的磁只是物理学意义上的，而非梅斯梅尔[1]和拉格里奥斯特罗[2]之流所宣扬的磁。答案是否定的，否则出海的水手们就不需要准备指南针了。

达尔文确信，在动物身上存在一种人类所没有的特殊器官，正

1　梅斯梅尔（1834—1915），奥地利医生，认为人体磁场得到调整，疾病便可解除；后提出"动物磁力"说。

2　拉格里奥斯特罗（1743—1795），江湖骗子、炼丹术士，曾以江湖医术和秘术轰动巴黎。

是这种器官为暂别家园的鸽子、燕子、猫、石蜂等动物们找寻到回家的正确归途。除此之外，我无法做出任何别的判断，比如：这种官能是否对磁场有特别反应。但我也心满意足了，毕竟我也在努力为这种感觉器官的存在提供些许证据。

作为万物的灵长，人类居然不具备其他动物身上所存在的特殊感觉器官！这是多么伟大且令人惊奇的研究结果啊！达尔文提出的动物生存的核心原则——"物竞天择、适者生存"，似乎在这样一个问题上出了纰漏。既然自然界的所有动物都诞生于原细胞，各种物种在漫长的时间长河中不断演化进步、奋力抗争，为什么却让如此奇妙的感觉器官为一些低等生物所拥有，而智慧的人类却无法获得？实在令人疑惑。我们神明的先人就这样眼睁睁地看着遗憾发生，胡子和尾椎骨对于人类的意义远比不上如此奇妙实用的感觉器官。

我想向支持生物进化论观点的学者提出一个问题：造成这种情况是因为我们人类与具有此类官能动物的血缘不够亲近吗？我对此非常好奇。

对于膜翅类的昆虫，它们身体的某个器官是否也隐藏有这样奇妙的官能呢？想到这里，大部分人脑子里肯定马上浮现出触须的样子。触须是我们对昆虫的某个问题探究不清时经常搬出来自我安慰的武器。我们总是一厢情愿地将触须赋予超能的力量。但这回我已经掌握了相当的证据来质疑这个大众观点：动物的触须是一种感觉器官并且还具有导向的作用。比如毛刺砂泥蜂，它在用触须拍打地

节腹泥蜂

面，这似乎是在寻找毛毛虫，我们只能说这样的动作可能会为毛刺砂泥蜂捕猎食物提供帮助，但这种作用并不是指引方向。对于这个问题，我们需要进行深入研究，但我已经有了一定的结论。

为此，我做过一系列尝试。我曾经剪断了几只石蜂的触须，将其带至陌生之地释放，最后它们还是毫不费劲地回到了自己的窝。节腹泥蜂也曾被我做过类似的处理，结果这些捕猎能手也都顺利地回到了自己的蜂窝。这样的事实就断然否定了之前的臆想：触须是不具有指引方向的功能的。至于动物身上的哪种器官隐藏着这种功能，我还没有弄清楚。

继续观察你会发现：尽管剪去触须不影响它们归巢，但致命的是，它们却无法再继续工作。刚开始，它们还会对自己未完成的工程有所眷恋，就像对逝去的恋人那般，充满惆怅、神情悲伤地环绕着蜂窝飞舞，久久不愿离去。它们还会驱逐外来侵略者，保卫自己的家园，却再也无法为它的完工来添砖加瓦了。后来，它们就不再出现了。

要知道，触须之于石蜂就像圆规、角尺、垂直仪、铅绳之于建筑工人。它们借助触须来完成一系列复杂的工种，像拍实泥灰、勘测尺寸、试探深浅等。打造舒适的蜂窝离不开如此重要并且不可替代的工具。工具都没了，这样的工作自然也没办法进行了。

到目前为止，我都是将雌蜂拿来做实验，它们对蜂窝的依赖感明显强于雄蜂，这也是母性光辉的体现。假设是雄蜂被迫离乡背井，它们又会有怎样的举动呢？结果应该会令人失望吧？它们在蜂窝周围互相挤搡，为了争抢雌蜂而你争我斗，而对于建筑蜂房这样重大的事件却是不闻不问、置之不理。在它们眼中，只要能有炽烈的爱情，那淡淡的乡愁是无关紧要的。可事实证明，我的看法是错误的。

考虑到实际情况，我只为雄蜂安排了短短的一公里旅程，但对它们而言已是十分不易了。最后，雄蜂们都顺利回到了原处！尽管它们也只是绕着蜂窝晃荡晃荡，在花园里漫步徜徉，或是一到夜里就钻进石头缝儿里休息。

我发现三叉壁蜂和拉特雷依壁蜂经常在被石蜂遗弃的蜂窝里建造自己的蜂房。这一情况给我的研究提供了绝佳的机会，我想充分利用这个机会来研究更为深层次的问题：到底膜翅类昆虫在多大程度上拥有这种辨别方向的官能。

尽管，我做的实验次数并不多，距离也较短，但实验的结果完全支持了我之前的论断。这两种壁蜂，不论雌雄，最后都回到了自己的蜂窝。

就此，我已经发现棚檐石蜂、高墙石蜂、三叉壁蜂和节腹泥蜂这四种昆虫可以做到迷途知返。据此，我是否就能拍着胸脯说：所有的膜翅类昆虫都能从一个陌生的地方返回自己的旧居呢？答案是否定的，接下来我就可以展示一个实实在在的反例。

在我的荒石园内有各种可用于研究的小动物，其中数量最为庞大的非赫赫有名的红蚂蚁莫属。它们就像出现在神话里的亚马逊人[1]一般，不用亲自哺育子女，也不用去费心地寻找食物，甚至连伸下手都觉得不情愿，一切事情均由被捕捉到的奴隶代劳。

红蚂蚁专干偷窃他人孩子的不道德勾当。被劫掠的孩子们最终会成为红蚂蚁的奴隶。而遭此横祸的正是其他类别的蚂蚁族群，红蚂蚁将邻居的蛹夺走，待到这些蛹孵化成长为可以劳动的工种后，就开始为红蚂蚁们服务。

在酷暑的午后，我经常在园子里看到庞大的红蚂蚁队伍，整装待发，到处攻城拔寨。它们的队伍相当壮观，最长可达五六米。如果在行进途中，并没发现有价值的东西，出征的队形就会严格地保持。这样的整齐划一在发现可疑蚁穴之后就会全然改变。在带队的蚂蚁停下后，队伍后面的蚂蚁会快速往上围拢，热热闹闹地挤成一堆。接着，会有几只蚂蚁上前去探察敌情，若不是行动目标，这群红蚂蚁则会继续列队前行。它们气势恢宏地穿越花园的小路，接着消失在一片草丛里，不一会儿，又在草丛的尽头缓缓现身，在一堆堆落叶中继续穿行、寻找。

功夫不负有心人，这次出现的目标物正是它们苦苦寻找的黑蚁穴。红蚂蚁昂首阔步地直捣黑蚁的巢穴。黑蚁们在家门口与之决斗，两色蚁类大战一触即发。双方都要为了自己的利益进行殊死搏斗，只可惜这是一场敌对双方过于悬殊的战役。结果自然是红蚁一方获得了压倒性的胜利，它们将蚁蛹置于两颚之间，迅速赶回自己

1　希腊神话中居住在黑海之滨的民族，全部由女人组成，骁勇好战，以掠夺为生。

的部落。这样的故事对蚂蚁的奴隶制度不太熟悉的普通读者来说的确是精彩万分。只可惜，在这本书当中，我们不能将故事继续下去。毕竟，这样的讲述是偏离主题的。

"亚马逊人"出征的行程有时只需十几二十步，但有时却要走上五十或者百余步，甚至更远，路线的长短和目标物——黑蚂蚁穴的数量是成正比的。

我曾观察过红蚂蚁一次越过园子的远行。它们这一路走得相当虔诚，先是越过高度将近四米的围墙，然后一直行进至远处的麦田。不管这一路是岩砾密布的荒地还是繁茂的草地，又或是一堆堆的枯叶和泥沼，它们似乎一点都不在意，不同的路同样地走。

有一点是确定不移的，那就是回程的路与去时的路是一致的，哪怕这条路充满艰险、曲折迷离，都不会动摇这条铁的纪律。对于鏖战后的归途，重走原路对于身负战果的红蚂蚁来说意义重大。即使这样的路程倍增煎熬，或者需要付出生命的代价，它们也在所不惜。

可以想象的是，那铺满落叶的小径对于出征者们而言是充满危险的，它们很可能因为没有控制好力度失去平衡而在摇坠的叶面跌落。从泥沼地里艰难脱身、越过随时坍塌的枯枝桥、从迷宫似的丛林小径中逃出，这些考验足以耗费这些出征者的大部分精力。发现目标物之后，还要经历与被掠夺者的激烈鏖战，最后还要将战利品负于疲惫的身躯。即使在这样的情况之下，这群红蚂蚁依旧会毫不犹豫地选择原路返回自己的部落。其实，就在离老路不远处就有一条顺畅的阳光大道，可是，这对于早已疲惫不堪的红蚂蚁们却毫无吸引力。

这样的虔诚再次得到了实证。

一天，这群"亚马逊人"又要出征抢掠，它们依旧排着整齐的队伍，浩浩荡荡地行进在池塘内侧墙壁上。突然，大风将蚂蚁一堆堆地扫进池塘。前天才被我引入水中的金鱼们哪能放过如此良机，纷纷张嘴享受着美食。出师不利，伤亡无数，出征时的庞大队伍此刻早已所剩无几。面对如此险境，这次的回程应该会选择另外一条道吧，可事实却没有。红蚂蚁们冒着跌落池塘的危险，仍然忠实地选择原路返回。而金鱼们则再次品尝到了味美，不仅是红蚂蚁，还有它们的战利品。

红蚂蚁的选择其实并不难理解：假设它们随意改变出征的线路，毫无章法，那么它们重返家园的难度就会大大增加。所以，它们才会遵循原路返回这条铁的纪律。红蚂蚁的虔诚，不过是无奈之举，避免迷路就只能重走旧路。

至于只能爬行的毛毛虫，它们会在寻找食物的征途中勤劳地织下一条极细的丝线。在享受完美味的树叶后，沿着这条丝线就能顺利返程了。

对于很多会迷路的昆虫来说，它们都会使用与毛毛虫类似的方法。但石蜂毕竟不同于行动缓慢的毛毛虫，它们返程所利用的工具自然也不是简单的丝线，而是它身体某个器官所隐藏着的特殊感觉官能在起着明辨方向的作用。

通过上面的描述，我们可以清楚地知道红蚂蚁回巢的方法与石蜂是不一样的，尽管两者都是膜翅类昆虫，前者遵循原路返回的方式就明显没有石蜂高深。那它有没有可能在征途中留下类似丝线的记号呢？比如是某种化学气味？毕竟红蚂蚁没有织线的工具。这是大多数人的推测，红蚂蚁依靠嗅觉来为自己导向。

这些人继而认为红蚂蚁的触须就是它的嗅觉器官。我并不认同这个观点。我之前就阐述过触须起到的作用并非判断气味。另外，我想用实验来验证我的观点：红蚂蚁并不是依靠嗅觉辨别方向。

我常常会花几个完整的白天来等待红蚂蚁的出征，结果却令人失望。我不甘心时间就这样白白浪费，于是我将这个任务交给了我的孙女露丝。她实在太适合这份工作了，她不仅对那些红蚂蚁的故事十分感兴趣，脑子里还时常萦绕着红蚂蚁和黑蚂蚁混战的情景。在她眼中，这将是她为人类的科学事业作出一份贡献的极好契机。这样崇高的使命感激励着她幼小的内心。只要天气允许，她就会满园子里跑动来追踪红蚂蚁出征的路线，直到这群"亚马逊人"到达劫掠现场。对于她的工作热情和状态，我丝毫不用担心。

一天，我正在房间做笔记，她兴冲冲地跑了进来：

"您快过来，红蚂蚁要进攻黑蚂蚁了，快来！"

"你记住它们所走的线路没有？"

"我一路上都做了记号。"

"记号？你是怎么做的？"

"用浅色的小石头呗！"

正如露丝所讲，她追随着红蚂蚁行动的路线，每隔一段距离就用提前准备好的小石头做了标志。等我跑出去看的时候，出征者们已经取得战役的胜利，准备返程了。这一段距离大概有一百米，这样就给我提供了充足的时间来准备我要进行的实验事项。

我在这条路线上确定了四个点，点和点之间的距离都大约有几步。接着，我用扫帚分别在这四个点的地方扫出一米左右的宽度，并且将路面可能留下气味的粉末物质全部扫掉，再用其他东西来填补。尽管粉末残留的气味并不能完全清除，但这足以混淆蚂蚁们的判断。

红蚂蚁的队伍沿着石子路返程，当它们到达第一个被清理过的实验地点时，突然慌了神。一部分蚂蚁转身离开，后又返回；一部分则停留在试验点，手足无措；另外的绕开这个点继续前行。位于队伍前面的蚂蚁则聚拢来又散开去。涣散的场面与先前的整齐有序形成鲜明的对比，大伙儿彼此挤搡着、焦虑着。一段时间过后，有几只蚂蚁终于果敢地踏上了被清扫过的路线，追随者们在后面紧跟。还有的则选择绕过疑惑点再回到原来的路线上。

在接下来的试验点上，也都出现了同样的情形，但经过一番比较、思考、踟蹰之后都还是走回了原路。我的小伎俩并没有截断红蚂蚁回家的归程，它们最终顺利抵达自己的部落。

由这个实验我们可以看出：被清扫过的四个点确实给红蚂蚁的返程造成了一定的影响。但我们的扫帚并不能将粉末上的气味完全清除，因此，红蚂蚁们最终还是能原路返回。这似乎说明了嗅觉在指引方向上的作用，但就此断定嗅觉起到的作用还为时尚早，毕竟这样的实验并不够缜密。我们需要创造更为完善的条件再次实验，将可能残留气味的物质全部清除。

六七月份的日子对我进行实验是十分便利的。酷暑的午后闷热难当，"亚马逊人"自然会抓住暴风雨来临前的最佳时机来进行一场浩大的远征。于是，我将实验计划作了调整，并要求露丝时刻待命。小姑娘还是用石子做记号，然后我在这段路程中选定了一个最适合做实验的路段。

我将平时用来浇灌园内植物的管子移接到附近池塘的水龙头上，将管子的出水口对准露丝做下记号的路线开始放水。水量很大，形成了一股强大冲击力的水柱。这样的冲刷持续了十五分钟左右，这下是不可能再残留任何气味了。

等到红蚂蚁们打了胜仗返回的时候，我特意将水量减小、速度放慢，尽量将非实验因素排除在外。这样一来，出征的"亚马逊人"要想原路返回就别无选择，只能硬着头皮淌上这条小溪。

蚂蚁们在水流的一端踌躇不前，靠前的蚂蚁停下来了，后面的则往前涌，似乎也在寻找出路。不久，有几只蚂蚁瞄准了几块露出水面的石头爬了上去，其他蚂蚁接连效仿。它们就这样大胆地渡河了。回家心切的蚂蚁一不小心没踩牢就会被水流卷走，但它们尽管陷入身不由己的境地，依然紧紧地钳住这来之不易的战利品，企图能漂到适合停留的突兀之地，以求得一线生机。

蚂蚁们巧妙地利用了被水冲散的麦秸秆和枯叶，将其作为渡河的浮桥和木筏。还有一部分蚂蚁，它们充分自信且勇敢，凭借自己的努力和水势的帮助，也都顺利地渡河。那些被水冲到快要接近河岸的蚂蚁则非常无奈，急切寻找着跨越急流的方法。

水流将整齐的队伍冲击得七零八落，险些将这群"亚马逊人"置于绝境之地，但没有一只蚂蚁在生死攸关的时刻放弃自己的战利品。正是这种宁死不屈的劲头帮助它们最终渡过难关，捍卫了自己原路返回的铁律。

由此可见，之前有关嗅觉的导向作用就无法继续下去了。实验的过程中，包括蚂蚁渡河这段时间，水流不停，气味的影响是不存在的。

我再退一步假设：蚂蚁在出征的路线上确实留下了丁酸的气味，只是由于人类嗅觉的局限或是在目前实验的条件下让人闻不出。那么我们就必须继续进行下一步实验：用一种能刺激人类嗅觉且十分强烈的气味来掩盖蚂蚁所发出的气味。我们再来进行观察。

很快，蚂蚁的第三波出动就开始了。我在它们的必经之路上擦了点儿刚刚摘下的薄荷叶片的汁液，又把叶片放在远处的路上，蚂蚁们大摇大摆地从汁液区域走过，看不出它们有什么担心。在盖着叶子的那个地方，它们也只是做了简单的停留。

水流冲刷路面、薄荷叶散发气味，这两次实验过后，我得出的结论是，蚂蚁并不是依靠嗅觉来为自己指引方向的，我还要进行几次实验才能弄清楚里面的原因呢？

　　接下来的这次实验，我让路面保持原状，不同的是在路中间加了几张大纸张和报纸，上面还压着小石子，这样做的目的是改变路的原貌，还依然保留着原来的气味。意外的是，蚂蚁在这里犹豫了好久，这比我之前设置的任何陷阱都要有效。它们经历了反复的侦查、试探，确定没有什么危险之后，才冒险走进这一区域。在穿越了这个区域之后，它们恢复了队形继续前进。

　　在前面不远的地方，还有另一道陷阱在等候它们呢。我在这一浅灰色的地面上，铺上了薄薄的一层黄沙。就这一简单的变化，已经够让它们喝一壶的了。它们还是在这里犹豫起来，尽管时间并不是最长的，当然结果是它们依旧穿过了这一区域。

　　黄沙也好、纸张也罢，都不能把路上的气味掩盖掉，但相同的情况是蚂蚁都要停下来徘徊一阵。这告诉我们，蚂蚁并不是靠着味觉回家的，靠的是视觉。理由是，我使用扫帚扫、流水冲、盖上薄荷叶、铺上纸地毯或跟地面颜色不同的黄沙这些方式，来改变路面时，它们都停下来犹豫了一会儿，在了解了发生的变故之后，才继续走下去的。

　　肯定是视觉在起作用。因为红蚂蚁的视线很短，几颗小小的鹅卵石就会让它们觉得发生了巨变。也正是由于这样的原因，放一条纸带、放一层薄荷叶、铺一层黄沙、挥一下扫帚以及更小的变动都可以让路的状况变化，不得不让胜利归来、趾高气扬的蚂蚁们在这些地方稍作停留。它们在经历了几次探索、摸排之后，几只细心的蚂蚁终于确定，穿过这变动的区域就能回到家中，蚂蚁大军才放心地跟在它们后面返程。

不单单是视力，"亚马逊人"还有惊人的记忆力！它又是怎样的？同人类的记忆力有什么相同吗？我说不出来。但我言简意赅地告诉你们，这种虫子只要经过一个地方，就会把这里的情景扫描进自己的脑海里。

有些时候，"亚马逊人"在抢掠了一个蚁窝之后，东西多得一次搬不完，或者红蚂蚁经过的地方有太多的蚁窝还需要几次抢掠，才能将这里洗劫一空，哪怕隔几天之后，它们还是会沿路出发，再次出征。这一次它们直奔目的地——蚁窝而去，走的依旧是先前的老路。我在一条二十多米的老路上做了记号，两天后蚂蚁们还是在这条路上远征。我依据设置的石子推算它们前行的线路，蚂蚁们前行的线路跟我的设想一模一样，基本上没有什么差别。

这样的远征相隔了好几天，我实在不好说这路上还留下了之前它们留下的气味，应该也没别人敢这么说了。我敢确定的是，"亚马逊人"依据的是自己的视觉还有对路的超强的记忆力，这种记忆力可以持续很久，并且不会产生任何偏差，指导着蚂蚁们穿过不同状况的路面，重走老路。

如果把它们放到一个全新的环境里，情况又会怎样呢？如果是这样，那它们的记忆力就显得毫无用处了。刨去这种记忆力，蚂蚁们能够和石蜂那样辨别方向吗？哪怕是极小的范围里面？它们能顺利返回蚁窝，抑或跟上返回的大部队吗？

这支以抢掠为爱好的蚂蚁大军，也只是对花园的一部分熟悉。北边是它们更喜爱去的地方，那里有更多的猎物。我很少在"兵营"南面看到它们，理由也正在此。因此，即使它们熟悉南面，但也会更倾向于去北面。说到这里，我们不妨看看在新环境里的红蚂蚁的情况吧。

我在蚂蚁窝边蹲点，一看到大队伍带着俘虏回来了，就让一只蚂蚁爬到一片枯叶上去。我小心地将它拖到队伍的南边大约三步远的地方，我们觉得这不远，但对蚂蚁来说，这足以让它们搞不清方向。这家伙刚一落地，就开始胡乱地爬行，但口中的俘虏还是紧紧地咬着。它急切地想和大部队会合，走的却是相反的方向，它不停地寻找大方向，探探左边，试试右边，一直在努力，却一直没有找到对的方向。这个看似强大而又喜好抢夺的家伙，在距离队伍很近的地方迷失了方向。类似的迷路者还有好几个，花费了很长时间也还是找不到原路，咬着猎物越走越远。我没有继续看下去，也不知道它们最后怎么样了，我可没这样的耐心。

再来一次实验，区别是部分"亚马逊人"这次被带到了北边。结果是，在经历了短暂的犹豫，向不同的方向做过试探之后，迷失者顺利归队，就因为这片地方它们更熟悉。

红蚂蚁这种膜翅目昆虫，肯定没有同类的方向感，它能记住的只是它到过的地方。不然哪怕再近的地方，也会让它们迷失得晕晕乎乎，回不到家里。石蜂却能穿越几公里陌生的区域顺利返回。这让我吃惊，这些先进的官能低等动物具备，高等动物人类却缺乏了。这样大的差别，肯定会引起大家的议论，现在这种差别被抹平了：两种差不多的膜翅目昆虫，它们甚至可以说是一模一样的，但在辨别方向这一点上，却有着天壤之别。这种别的动物不具备的官能，是它之所以成为一种新物种的决定性特征，进化论学者能不能好好地解释一下这个现象呢？

我们已经对红蚂蚁超强的对地点的记忆力有了认识，但它能达到什么样的高度，我们还不得而知。"亚马逊人"是不是也要经历几次，才能记住沿路的风景？它能把路过的地方的风景一次性记住吗？我们不得而知。

我又选择了蛛蜂做实验。它擅长捕食蜘蛛，又是掘地洞的好手，它把猎物弄瘫痪之后，拿来给未出生的孩子做储备食物，接着再挖地洞。带着食物去挖地洞做新家可不是件轻松的事情，它会把蜘蛛放在草丛或者灌木的高处，以防偷吃的家伙，特别是蚂蚁，后者会趁蛛蜂不在的时候，饱餐一顿。做好食物的安置工作后，它就会放心地找合适的地方做窝了。在此期间，它还是会不时留意它的食物。它会回来拍打食物，检验成色，又好像在炫耀自己的美食。要是感觉到了危险，它可不只是看看那么简单，会把猎物放到离新窝更近的地方，依旧是植物的高处。这是我借机观察、了解它的记忆力到底好到什么程度的好时机。

它挖地洞的时候，我悄悄地把蜘蛛拿走，挪到了离开始放置的地方的半米之外的空旷的地方。一会儿，蛛蜂就去查看食物了，它直奔原先那个地方而去，它有着惊人的方向记忆力，要知道那个地方它可是去过好几次了。原先的事情我说不清楚，是不是第一次我们也忽略不计，让后面的几次来说明问题吧。蛛蜂已经来到原先的存放点，但食物已经被我挪走了，它开始在周边搜索，用触须拍打地面。它终于找到蜘蛛之后，兴奋地爬了过去，但又突然抖动着身体，很快地往后退，似乎在疑惑：这蜘蛛死了吗？这是我原先抓住的那只吗？一切都要小心。

　　一阵犹豫之后，它还是上前咬住了蜘蛛，拉扯着它往后退，放到了另一棵植物的高处，离原先那个地方有两三步的距离。忙完这些之后，它又回到地洞，继续挖掘。我又动了一次手脚，只不过这次新的位置是距离远的光秃秃的地面上。只要这一次蛛蜂能再次顺利找到，我们就可以说它的记忆力确实不错了。这之前的那次它之所以能顺利找到，不能排除运气成分，当然这一点我也说不准。新的草丛的话，它应该不太熟悉。它接受了那个地方，可能随机的成分更多一点。它在那待的时间不长，刚好够把蜘蛛拖到高处。它第一次看中这个地方，而且只是匆匆一瞥。这样短时间里，它能准确记住吗？要知道，对虫子这种低等动物来说，两个地方是很有可能混淆起来的。蛛蜂会做什么样的选择呢？

　　我们拭目以待——蛛蜂又去查看食物了。它像先前一样，直接来到它放食物的地点，找了一圈，结果什么都没看到，原因我们是清楚的。在蛛蜂的印象里，食物就是放在那的，也不可能在别的地方。它选择在原地找寻，别的地方它看都没看一眼，不存在放在第一个草丛那儿的可能性，它的关注点就落在了第二个草丛那儿。这之后，它搜索的范围扩大了。

这家伙在光秃秃的地面上找到了它的猎物后，把它放到了第三个草丛上，我又开始了新一轮的实验。这一次蛛蜂找寻的直接目的地是第三个草丛，原先的两个草丛已经被彻底排除掉了，它清楚得很。

我接连做了两次实验，结果都是一样——它对原先的草丛不管不顾。我开始对它的记忆力产生由衷的佩服了。要知道，这只是它在忙活自己的挖掘工作的同时，匆匆一瞥留下的记忆，就已经这么深了。我们高等动物人类，能有这样的记忆力吗？这我可不敢说。我们假设红蚂蚁也有这样的记忆力，也就不用惊讶于它能长途跋涉，又能顺利回家了。

还有些实验结论，我觉得也有必要跟大家分享一下。蛛蜂经过仔细搜寻，确定猎物被挪窝了之后，就转而到别的地方寻找，并且还算比较顺利地找到了，可能也有我把猎物放在空旷之地的缘故。

我们增加难度来进行测试。我用手指在泥地里按出了一个窝，蜘蛛就被放置在了这里，为了保险起见，我还在上面盖了一片叶子。蛛蜂前来寻找，在树叶上来来回回好几趟，但就是没发现蜘蛛就在它的脚下，我们可以看出，是视觉在帮助它，而不是嗅觉。

奇怪的是，它的触须一直在拍打地面，这又有什么作用呢？我唯一能确定的是，这不是嗅觉器官。这个实验，进一步证实了我此前的猜想：蛛蜂的视力很差，这导致它在离自己很近的地方，也找不到自己的食物。

昆虫小档案

红蚂蚁

红蚂蚁的工蚁体长三毫米左右，全身主要呈橙红色至暗红色，但其腹部、触角柄节、各足腿节主要为褐色。

头部（不包括上颚）长稍大于宽，近四方形，头顶及两侧有纵条纹，其间有短横纹。复眼小，卵圆形，黑色，位于头侧的中部，无单眼。

触角十二节，其上密布细毛，棒节三节，第一二棒节等长，第三棒节约为第二棒节的两倍，具触角沟。

胸部约与头（包括上颚）长相等，前胸前端较宽。前、中、后胸背板具网状脊纹，前中胸背板沟不明显，中、后胸背板沟上方明显，两旁凹进，后胸背板狭而短。

腹部呈椭圆形，光滑，外露四节。腹柄有两结节，第一结节长大于宽，前端有柄；第二结节呈卵圆形，宽稍大于长，比第一结节宽。

"剧毒之王"黑腹狼蛛

　　很多人不喜欢蜘蛛，在他们心中，蜘蛛就是个臭名昭著、人人得而诛之的家伙。但是作为研究者，我可不认同这样的观点。其实蜘蛛是很聪明的家伙，就算不是为了科研，也是值得我们好好观察观察的。它们善于织网、捕猎，而且技术还不错。它们的悲剧性爱情和戏剧性的生活习性也是很有趣的课题。

　　很多人不喜欢蜘蛛，是因为蜘蛛有毒。的确，这种小虫子是长了一对可以渗出毒液的獠牙，可以迅速杀死猎物。但是，杀死猎物和伤害人类并不是一回事。也许蜘蛛可以很快杀死自己的猎物，但是却无法威胁到人类。在我们这里，大多数的时候，即使你真的被蜘蛛咬到了，还不如一只蚊子叮得疼呢。

　　当然，我们不得不承认还是有些让人闻名丧胆的蜘蛛。比如红带蜘蛛。过去，我也在农田里见过它们。它们住在犁沟里，吐丝织网，捕捉那些比自己大很多的昆虫。它们的外表很漂亮，就像是黑绒的底布上，缀着些胭脂般的红点儿。它们的恐怖传闻，我也时有

蜘蛛网

耳闻，据说一旦被红带蜘蛛咬伤，就有可能造成致命的伤害。

还有被人视为死神的球腹蛛。据说，如果被这种蜘蛛咬到，后果不堪设想，不死也得伤你半条命。

还有意大利的狼蛛，也是人们口中可怕的生物。人被它蜇过后会出现全身抽搐的症状，整个人狂舞乱跳，不得安宁，意大利人把这称为"狼蛛病"。据说，音乐是治疗"狼蛛病"的唯一良方。有人谱写出了一种特别的曲调，可以治愈这种病。

上述关于蜘蛛的传闻，到底是真是假？我们要采取什么样的态度？奉为真理，还是一笑了之？我也无法给出一个确切的答案。但是，我要说的是，目前没有任何证据能说明被狼蛛咬伤能让人神经紊乱，而音乐是否能减轻狼蛛毒素对神经的伤害也没有实例证明。所以，我对上述传闻既没有奉为真理，也没有一笑了之，而是决定仔细鉴定，以寻求正确答案。我得到的回答绝大多数是肯定的。可见，这些有关毒蜘蛛的传闻多少是真实的。即使不是百分百可以相信，最起码有部分是真实的。它们有毒，会伤害人，这样的说法是准确的，值得相信的。

至于我生活的这个地区，最厉害的黑腹狼蛛又会是怎样的情况呢？我在下文会和读者详细探讨。我只是研究昆虫，因此不涉及医学方面的问题，只是单纯将蜘蛛看作昆虫。黑腹狼蛛的毒獠牙是它们捕猎的重要工具，因此我也会稍微涉及些这方面的问题。

我主要谈论的内容是狼蛛的习性，例如：它如何隐藏自己，它怎样设计猎杀自己的猎物。著名博物学家莱昂·杜福尔有一段关于狼蛛的论述，曾经带给我很深的思考，而且让我更加热爱我的昆虫了，因此我打算以此当作我今天主题的开篇语。

狼蛛最喜欢住在干燥向阳的开阔地，那里最好没有农田。成年的狼蛛通常自己挖掘地下洞穴，然后住在里面。不过，洞穴里面着实不怎么舒服，不但狭窄而且肮脏。洞穴一般位于地下一尺多的地方，是个直径约为一寸的圆柱形。这个圆柱形不是垂直向下，而是曲折蜿蜒的。能挖出这样的住所，说明狼蛛已经不仅仅是好猎手，而且是名副其实的工程师。

它们位于地下的住所，不仅可以帮助它们躲避敌人的追捕，而且还有利于它们捕猎。因为狼蛛会在自己的陋室里建造一个瞭望站，以便可以呆在家里侦察猎物的行踪。一旦有猎物靠近，它们会迅速扑向猎物。狼蛛的洞穴虽然简陋，但是功能齐全而且实用。洞穴开始是垂直下去，从地面往下五六寸的地方开始转弯，形成一个钝角，然后再垂直下去。平常，狼蛛会静静地待在洞穴的门口，像个忠实的哨兵一样，观察周边的情况。每次我在洞口捉到它们的时候，总是能看到它们亮晶晶的眼睛，就像猫眼在暗夜中，闪烁着亮光。

狼蛛会就地取材在坑道的洞口建造一段管子。它一般在地面上约一寸的地方，直径大概有两寸左右，这就比洞穴本身宽敞了很多。圆柱形的管子造型充分证明了蜘蛛的心思细密。略宽的内部便于蜘蛛施展手脚捕捉猎物。管子主要是由黏土黏合干木块制成的。从圆柱的内壁一直延伸到整个洞穴里，蜘蛛都贴上了一层蛛丝网。这样一来，整个住所以及前沿瞭望塔都是相当坚固的。内壁的这层蛛网不仅可以防止洞穴坍塌变形，还能维持洞穴里的清洁。而且借助这层网，狼蛛可以随意攀爬往来于内洞与瞭望塔。

但是，之前我也提及，外面的堡垒不是每个蜘蛛穴都有。我也见过不少外面没有堡垒的蜘蛛洞。至于原因，我想大概是因为糟糕的天气摧毁了堡垒；或者因为蜘蛛没有找到建筑材料，干脆放弃了建筑堡垒；或许是因为那些洞里的狼蛛年纪小，还没到能建筑堡垒的时候。

我还见过很多蜘蛛洞穴外面建着和石蛾的鞘一样大的堡垒。蜘蛛在洞穴外建这样的堡垒的目的，首先是防异物掉入洞里。如果没有这样的堡垒，洪水、大风吹落的树叶什么的都有可能堵住洞口。其次，这个堡垒还可以帮助它们捕捉猎物。来往路过的苍蝇或者其他什么小昆虫，看到这样一个突起的地方，总是喜欢坐在上面休息。可是，它们不会想到，这是蜘蛛猎人布下的陷阱。一个不小心掉下去，就成了蜘蛛的口中食。不仅如此，蜘蛛猎手的各种捕猎计谋，我们根本没有办法一一列举。

如今，我们不妨来聊聊狼蛛巧妙的捕猎行为。狼蛛的最佳狩猎期是在五六月份。我第一次看到这种特殊洞穴的时候，一只蜘蛛就待在自己住所的二楼上观望，就是前文提及的那个拐角处。由此，我相信，这就是狼蛛的洞穴，里面住着我要找的狼蛛。那个时候，我想只要我全力进攻，尽力追捕，一定能抓住它。我拿来一把小刀，准备挖开蜘蛛的洞穴。可是，我一连忙碌了好几个小时，连狼蛛的影儿都没有见到。难道我挖的地方不对？于是，我又去挖其他的洞穴，依然没有狼蛛的踪影。难道得用十字镐，才能彻底挖开地道吗？此时，我身处郊外，四周没有什么人家，无法拿到合适的工具。于是，我急中生智，改变了搜寻方法，决定用计谋来诱捕狼蛛。

我找到一根麦秸秆，上面还带着麦穗。我在蜘蛛洞口晃动麦秸秆，让麦穗看起来就像个小昆虫。这样狼蛛或许会上当受骗。果然，没过多久，我发现狼蛛就被麦秸秆吸引住了，而且它的全部注意力很快就都集中在麦秸秆上面。我看到，被诱饵诱惑过来的狼蛛，小心翼翼地迈着步子往洞口爬。然后，我慢慢地拉动麦秸秆，小麦穗也随之往洞外走。狼蛛也随着麦穗往外走。突然，狼蛛纵身一跃，跳出了洞穴，准备捕食。我赶紧堵住它的洞穴。失去洞穴保护的狼蛛有些惊慌失措。我则加紧了我的追捕行动，狼蛛慌不择路地四处乱窜，最后竟然一头扎进了我的锥形纸袋里。见猎物到手，我迅速封住了口袋。

当然，这样的计谋也不是次次都能奏效。狼蛛偶尔会识别出这是陷阱。还有的时候，它不是很想捕猎，自然就会长时间待在距离洞口不远的地方，一动不动。它的本能告诉它：此时此地是最安全的地方。只要不出门，那么它就安然无恙。和狼蛛比耐心，我实在不是对手。于是我就采用另外的策略来抓它们。首先我要弄清楚狼蛛洞穴的走向以及狼蛛到底藏身在洞穴的哪个部分。然后，我将刀用力斜插到洞穴里，这样不仅能堵住狼蛛的洞穴，还让狡猾的虫子腹背受敌，彻底断了后路。

这个法子很好用。如果洞穴所在地没有很多石头，那么用这样的方法抓狼蛛，简直是百发百中。洞中的狼蛛遭遇到这样的危机，只有两条路可以走，要么慌不择路地逃出洞穴，要么紧紧贴在刀子上。这样一来，我只要猛地使劲翻转刀背，狼蛛就和泥土一起被翻出地面了，然后我就可以轻而易举地抓到它们了。用这种办法，仅仅一个小时，我竟然就能抓到十五六只狼蛛。

但是，我的计谋也有被识破的时候。洞中的狼蛛根本不会搭理我的小麦穗。或者是将计就计，干脆玩弄一会儿小麦穗，接着就一脚踹开，自顾自地走到里屋去。

狼蛛看起来很吓人，而且一旦被他蜇伤，后果不堪设想。但是根据我自己的亲身体验来看，如此恐怖的家伙其实很容易被捉到，也容易被驯服。

一八一二年五月七日，我在西班牙巴伦西亚曾抓到一只身体健壮的雄性狼蛛。我将它完好无损地囚禁在空玻璃瓶中，瓶口用纸封好。为了更好地模拟蜘蛛的住所，我又给纸瓶盖中间开了个小口，装上挡板；瓶底则粘上锥形纸袋，像狼蛛自己平时居住的坑道一样。然后，狼蛛的新住所就被我放到了卧室的桌子上，这样我就可以时时观察它的情况了。显然，

222

狼蛛很快熟悉了自己的新居，就连我递过来的活苍蝇，它也来者不拒地一一笑纳。狼蛛和其他大多数蜘蛛的捕食方式不同，当猎物被大颚上的獠牙毒倒后，它们并不满足于吃掉猎物的头，而是将整个猎物磨碎，然后用触须一点点吃肉，再将外皮远远地扔出门外。

用餐完毕，它会认真梳洗一番，用前爪将触须和大颚彻底底洗一遍，以保持洁净；然后，就开始饭后休息了。到了晚上，它们会出来散散步。此时，纸袋里就会发出窸窸窣窣的声音，这是它们在抓纸袋。狼蛛的生活习性再一次证明了我之前提出的观点：和猫一样，大多数蜘蛛无论是白天，还是夜晚，都能看到。

六月二十八日，我的囚徒——狼蛛最后一次蜕皮了，它的外表没有多大变化，颜色、大小和之前差不多。七月十四日，我离开巴伦西亚处理事情，五天后，我才回来。这五天里，我没有给狼蛛喂食，但是等我回来发现，它的身体依然健康如初。八月二十日，我再次让狼蛛独自待在家里，不吃不喝地度过了九天，它依然身体健康。十月一日，我第三次让狼蛛不吃不喝地待着。十月二十一日，我迁居到了离巴伦西亚二十里的地方后，打发仆人将狼蛛带过去。可是，可怜的狼蛛已经逃离了玻璃瓶。后来，它的结果如何，我就不得而知了。

结束这次对于狼蛛的观察记录之前，我还想讲讲有关狼蛛之间发生的一场战斗。一天，我收获颇丰，捉到了很多狼蛛。

于是我在雄性狼蛛中，挑了两只最健壮的，放到了一个大口瓶里，想看看它们之间会发生什么？一开始，它们只是围着角斗场转圈，似乎没有关注对方的存在，或许它们此时只是想找到逃跑的路线。

和平共处没多久，两只狼蛛好像受到了什么启示，竟然换上了一副角斗的模样。只见，两只狼蛛相对站在，中间隔了相当的距离。彼此都用后腿支撑起身体，示威般地展示出胸前的盾牌。这样的姿态它们足足保持了有两分钟。难道它们彼此用眼神在示威挑衅吗？当然，一切都是我的猜测，我无法看到它们的眼神。突然，两只狼蛛同时扑向对方，彼此间用腿脚纠缠着、厮打着，谁也不让谁。两只狼蛛都试图以大颚的獠牙袭击对方。战争发生得快，结束得也快。没一会儿，两只狼蛛就停战了，或许是打累了，或者是彼此达成了停战协议。总之，两只狼蛛分开了，重新回到了之前的对峙状态。不过，好歹是休战了。

这样的情形让我想到了猫咪之间的战争，也是突然开始，突然中止。突然间，对峙的两只狼蛛又开战，战况的激烈程度更胜从前。之前两位势均力敌的斗士，最终有一位成了失败者。它被对手击中头部，然后被碾碎，成了胜利者充饥的食物。战斗之后，胜利者又活了好几个星期，最终死去。

以上就是这位学者为我们描述的普通狼蛛的生活习性。这种狼蛛在我们这个地区没有，不过，我们这里的黑腹狼蛛倒是和这种蜘蛛很像。

黑腹狼蛛比普通狼蛛小，大概只有普通狼蛛的一半大，身体下面，特别是肚子下面长满了黑色绒毛。肚子上点缀着棕色的人字形条纹，爪子上有灰色和白色的圆圈。黑腹狼蛛喜欢住在干旱的地方。太阳下长着百里香的地方是它们最爱的栖息地。我的荒石园里就有二十多个黑腹狼蛛的洞穴。我经过那里的时候，就会顺道观察下它们的洞穴。里面总能看到亮晶晶的如同宝石一般的四只大眼睛，这是黑腹狼蛛观察外面世界的四只望远镜。它们另外还有四只眼睛，不过，因为眼睛太小，很难看到。

外面也有很多狼蛛。我出门走上几百步，走到附近的高山上，就能找到更多的狼蛛。过去那里曾经是郁郁葱葱的树林，不过早已荒芜，只剩下蝗虫，以及不时飞过的白鹇。树林的消失归咎于人们对于金钱的渴望。人们看到了葡萄酒利润巨大，于是铲除树木，种植葡萄。但是后来瘤蚜虫泛滥，吃掉了葡萄根，最初的一片绿色成了不毛之地，只剩下几簇禾本植物凭借着顽强的生命力成了荒地的唯一居民。不过，如此的干旱倒是成全了狼蛛。这块地儿成了狼蛛的家园。一小时之内，我就能找到几百个狼蛛洞。

这些狼蛛洞基本有一尺深，上面是垂直的，下面有一个拐角。每个洞直径大概都是一寸。洞口，狼蛛将把稻草、树枝以及石子儿之类的材料，用蛛丝黏起来围成一个栅栏。一般情况下，狼蛛只要把周围的带着枯叶的树枝收集起来，直接用蛛丝粘在一起固定住就可以了。而且，狼蛛喜欢用小石子来砌住所的围墙。狼蛛洞穴上的栅栏一般都是就地取材，什么材料容易找到，狼蛛就用什么材料来砌墙。在它们看来，能找到的材料就是最好的材料。

修建洞口栅栏的建筑材料不一样，建筑所用时间也不同，防御强度也不同。这些围墙的高度也不尽相同，高的有一寸高，低的只是微微凸起一点。但是不管围墙怎样，各种材料都是用蛛丝紧紧黏牢，围墙的宽度和地道一样，是地道的地上延伸。说得直接一点儿，黑腹狼蛛的洞穴就像是一口井，另外在井口上搭着一个围栏。

在泥地上建筑的狼蛛洞形状不会受限制，一般是一个圆柱形的管子。如果狼蛛建筑洞穴的地方有很多石头，那么它们的窝就要根据地下的情况确定其具体的形状了。后者一般会很粗糙，而且内部蜿蜒曲折。因为挖洞的时候，通常会遇到凸起的石头，在挖掘洞穴的时候需要绕过石块从边缘通过。不过，即使是粗糙、弯弯曲曲的狼蛛洞穴，建筑师们也会在墙壁上涂上一层厚厚的蛛丝，这样做就可以让洞穴更加坚固。而且洞壁上有了蛛丝，狼蛛攀爬洞穴就十分容易呢。

我也曾试着用莱昂·杜福尔的方法想抓到一只狼蛛。他的方法果然很管用。等狼蛛专心致志地对付小麦穗的时候，我一下子将刀插下去，阻挡了它的后路。如果选择的地方土质合适，那么这样做很容易就能抓到狼蛛。但是，在我家周围并不合适，四周的土地都太坚硬，往土地里插刀子就等于往石灰岩里插刀子。

前辈的办法没有用，我只能另辟蹊径。最终，我想到了两个有效的办法，在这里，我将它们推荐给那些想要抓到狼蛛的猎人。我拿着果实饱满的麦穗，将它尽量往狼蛛洞穴里塞，以便狼蛛可以轻而易举地咬到麦穗，然后在洞口不停地将诱饵来回转动。狼蛛从来没有见到过麦穗，一时好奇，自然会想到自卫，于是一口咬住小麦穗。我的手指如果能感受到轻微的颤动，那就表明狼蛛中计了，它的獠牙已经紧紧地咬住了麦穗。于是我开始一点点地拉出麦穗。狼蛛也会随着麦穗一点点往上走。它慢慢地往上走，一点点地接近洞口。就在它到了垂直通道的时候，我赶紧躲了起来。否则当狼蛛到了洞口发现了我，肯定会放弃诱饵，立即逃回窝里。狼蛛就这样慢慢地被我拉到洞口。接下来如果我还是一个劲儿地往外拉，那么狼蛛很快就会意识到自己中计了。所以等到狼蛛出现在洞口的那一瞬间，一定要猛地一拉。突然的袭击，给狼蛛个措手不及，它一时间来不及松开嘴边的麦穗，就被拉出了洞外。这样一来，狼蛛就是我的囊中之物了。

这种抓狼蛛的方法需要绝对的耐心，你需要慢慢地将上钩的狼蛛拉出洞口，切不可操之过急。第二种方法则要快多了。先找来一个细颈小瓶，瓶口要恰好能塞进狼蛛的洞口。然后在瓶子里面放一只活的熊蜂。一切准备就绪后，将瓶子翻过来卡在狼蛛洞口做诱饵。健壮的熊蜂这时会在玻璃瓶里乱飞乱窜，然后它看到和自己的窝有点像的狼蛛洞后，会一头钻进去。

一场惨剧就要发生了！熊蜂俯冲而下，而狼蛛正好往上爬。垂直的地道中，两者狭路相逢。

我在外面能听到一阵嗡嗡声，熊蜂正在对抗迎面而来的狼蛛。

很快，一切归于平静。我赶紧将玻璃瓶拿开，用长柄钳伸进洞里夹出了熊蜂。此时，熊蜂已经死亡，耷拉着吻管，一动不动。可见，刚才洞里发生的一切多么惨烈！狼蛛因为不想放弃到手的美餐，自然也就跟着出来了。而狩猎者就等在洞口，准备将它一网打尽。

狼蛛生性多疑，有时候，它们会放弃猎物再次返回洞里。遇到这样的情况，我只要将熊蜂放在洞口，或是放在洞口外几寸的地方。等待一会儿，狼蛛发现一切安全，就会再次返回来拿回自己的猎物。一旦狼蛛大摇大摆地离开它的巢穴，我就可以用手指或是石头堵住洞口。这时，狼蛛就归我所有了。

我并不想养狼蛛，想了这么多的捕猎方法并不是为了抓到它们。只是在捕猎的过程中，我可以验证我对狼蛛生活习性的猜测。比如，我一直认为，狼蛛是个好猎人。它以捕猎为生，它的猎物都是自己享用，并不会刻意为后代储备食物。它不是麻醉师，自然不能使猎物长期保鲜；它是个杀手，会将猎物当场杀死然后吃掉。它不会慢慢地解剖自己的猎物，也不会折磨猎物而是快速地捕杀猎物，以防对手反击。

狼蛛的陷阱里经常出现长着大颚的蝗虫、狂躁的胡蜂、蜜蜂、熊蜂，还有各种带着毒针的虫子。狼蛛和对手通常是势均力敌。例如，胡蜂的毒针可以对抗狼蛛的毒獠牙。那么，当两个强盗一旦展开对抗，谁会是赢家呢？狼蛛没有绳子，也没有网，更没有其他抵御对手的方法。如果是圆网蛛，虫子被它的大网缠住后，它还能吐丝当绳子将俘虏绑起来，等对方不能反抗后，再用自己的毒牙一蛰，只等猎物痉挛至死亡就可以了。整个狩猎过程中，圆网蛛不会遇到任何危险。

狼蛛没有圆网蛛那么大本领，它完全是靠运气来捕猎。它只有獠牙和勇气，其他一无所有。在捕猎的时候，狼蛛需要扑向危险的猎物，一招制胜。否则的话，狼蛛就有可能被敌人制服。被我从狼蛛的洞穴里拉出的熊蜂可以证实这一点。我听到熊蜂一声哀鸣，就赶紧将钳子伸进洞里，但还是晚了，杀戮已经结束。被拉出来的已经是尸体了，吻管下垂，两腿无力地瘫着。偶尔微颤的腿脚，告诉我熊蜂刚刚断气，而且它是瞬间丧命。

我又为狼蛛选择了最大的长颊熊蜂作对手。双方都有厉害的武器：熊蜂有毒针，狼蛛有毒獠牙。不管是被毒针蜇中，还是被毒獠牙咬伤，后果都不堪设想。但是，每次战斗的结果都是狼蛛获胜，窍门就在于狼蛛能速战速决。可是，就算它的毒液很厉害，也不太可能这么快将对手制服。说实话，我并不太相信。就算是闻之色变的响尾蛇，也需要几个小时才能杀死猎物，狼蛛为什么只需要不到一秒钟的时间就能俘获猎物呢？原因很可能是这样的，并不是毒液多么厉害，而是狼蛛能迅速咬到对手的要害。这样一来，猎物才会在短时间内丧命。

那么，这个要害是哪儿呢？我在熊蜂的试验中找不到答案。因为屠杀是在狼蛛洞穴里进行的，我看不到里面发生了什么。而且，狼蛛的武器很小，在猎物上的伤口也很小。我即使是用放大镜，也找不到熊蜂尸体上的伤口。因此，要想一探究竟，我必须亲眼目睹它们的格斗过程。

　　我尝试了几次，让狼蛛和熊蜂同处一个玻璃瓶中，但是两只虫子只想着逃跑，无暇顾及对方。我一连将它们关了二十四个小时，可是，两个家伙一直相安无事，谁也不愿意挑起争斗。它们似乎更关心自己什么时候能逃离，而不是进攻对方。我的几次实验都以失败告终。

　　最后，我决定用蜜蜂和胡蜂做实验，竟然成功了。但是，一切发生在晚上，我又一次错过了。我第二天早晨才发现蜜蜂和胡蜂已经成了狼蛛颚下的冤魂。这样看来，一旦猎物不够强大，狼蛛就会将它们放到晚上再吃掉。假如对手强大，那么狼蛛根本不会在自己被囚禁的情况下袭击对手。狼蛛更关心自己的安全。

　　广口瓶制成的竞技场可以让熊蜂和狼蛛各自退守一方，双方不仅可以避开强大的对手，也可以震慑对手。于是，我决定将竞技场换成试管。场地小了，围墙也短了，它们会怎么办呢？果然，为了争夺生存空间，两个对手之间终于爆发了一场激战。不过，后果没有想象中那么可怕。一旦熊蜂到了试管底部，它只是仰卧用脚顶开狼蛛，这样不用拔剑出鞘就能占领地盘。而狼蛛则用长腿趴住试管壁，尽可能远离对手，然后一动不动地静观事态发展。但是，好动的熊蜂很快打破了和平共处的局面。狭小的空间里一阵子骚乱，但仍然不是惨烈的战斗。如果熊蜂到了上面，狼蛛为了尽量和对手隔开距离，会收起长腿保护身体。也就是说，它们之间除了因为无法避免的接触发生一阵小打小闹外，并没有什么激烈的对抗。一旦离开了巢穴，狼蛛就成了胆小鬼，不愿意和任何人发生争斗。而熊蜂也不愿意和强大的对手进行殊死搏斗。我无奈之下只能放弃了书房里的实验。

我只得又把实验场地换成狼蛛的洞穴。可是，熊蜂会钻进地洞，我还是看不到它们搏斗的过程啊。看来我必须给狼蛛换一个不喜欢钻洞的对手了。

我看到花园里的红花上停了很多紫木蜂。它算是我们这里个子比较大的膜翅目昆虫，个头足足有一寸长。它的蜇针也很厉害，一旦被蜇，就会肿疼很长时间。我记得自己就吃过它的苦头。如果让它和狼蛛对抗的话，也算是势均力敌了。我抓了几只紫木蜂，放到一个不大的宽颈瓶里。这些瓶子恰好能塞到狼蛛的洞口，就像之前我用熊蜂做诱饵捕猎狼蛛的时候一样。

为了让即将要发生的战斗更加激烈，我选择了最厉害、最饥饿的狼蛛。选狼蛛的时候，我用带着麦穗的麦秸伸进洞里，假如狼蛛马上跑来，而且体格健壮，还敢上到洞口，那么就证明它是我想要的格斗手了。如果不是，那就意味着它不够格，我就会放了它。

我将装着紫木蜂的瓶翻过来，塞到选中的狼蛛洞口。听到紫木蜂在瓶里"嗡嗡——嗡嗡——"的叫声之后，猎手慢慢地爬了上来。现在，它已经到了洞口，就差临门一脚了。它在门口徘徊、观望，我也耐心地等着。

十五分钟，三十分钟，什么也没发生。后来，也许狼蛛感觉到

紫木蜂

了危险，返回洞里去了。于是，我又找到了第二个洞、第三个洞、第四个洞，可最终都没有成功。

我实在不愿意就此放弃。

我仍然耐心等待着。终于，一只狼蛛跳出了洞穴，或许是饥饿难耐，健壮的紫木蜂很快就被狼蛛杀死了。瓶子里的悲剧从开始到结束仅仅一眨眼的工夫。好在我清楚地看到狼蛛袭击的部位——紫木蜂脖子根部。它果然技艺高超，它可以直接找到猎物的要害，一下子就将毒獠牙插到敌人的脑神经节。总之，它的下口之处是能瞬间让对手致死的部位。如此必杀技，我不得不佩服。

不过，我所见到的是偶然，还是狼蛛一直如此？我期待更多次的观察实验。事情果然如我所料，从早上八点到中午十二点，我又目睹了两场屠杀。狼蛛用的是同样的手法。屠杀的整个过程，我都看得清清楚楚。狼蛛就像个麻醉师一样，在我眼前展示了它的全部技能。它是个彻头彻尾的"刺颈师"。

我打算在书房里重复我的实验，再次验证野外的结论。我设立了一个狼蛛养殖园，以便测试狼蛛毒液的毒性。我用它的毒牙在昆虫不同部位刺下去观察昆虫的反应。我抓了很多狼蛛，分别囚禁在瓶子和试管里。

既然说狼蛛不敢攻击和它共处一室的对手，那么我将猎物送到它嘴边，会发生什么事情呢？于是，我夹住狼蛛的胸部，将猎物放到它的嘴边。我发现，只要狼蛛还有力气，就会马上张开獠牙，攻击对手。我首先用紫木蜂做实验，测试蜇伤的效果。结果紫木蜂一旦被刺中颈部，马上就会死亡。如果是被刺中了腹部，紫木蜂回到大口瓶里，能自由活动一会儿。而且最初紫木蜂好像并没有在意这样的蜇伤。它不停地飞着、跑着、叫着。但是仅仅过了半个小时，紫木蜂就卧在瓶底，一动也不动了。它的腿微微抖动着，肚子还有点抽搐，只剩下一口气了。不过一直到了第二天，紫木蜂才死掉。

实验的结果很有意思。健壮的膜翅目昆虫如果是脑部被刺中，会引发猝死。因此，如果能一下子刺到敌人的脑部，狼蛛根本不用担心敌人会进行反击。但是如果是其他部位被狼蛛刺中，那么半个小时内，猎物依然能自由活动。这些挣扎的猎物的螯针、大颚抑或是腿脚，都有可能发起反击，从而给狼蛛带来危险。狼蛛万一被猎物的螯针刺中，那就惨了。我见过被螯针刺中嘴巴的狼蛛，它一天之内就丧命了。因此，为了安全起见，狼蛛必须一招制服对手，直接刺中敌人的脑神经中枢，让它马上毙命。

第二组实验是以直翅目昆虫为对象。我找来了绿蝈蝈儿、螽斯、距螽等昆虫。狼蛛咬中它们的颈部后，它们马上就死了。可是，它们被狼蛛咬中其他部位，比如咬到了肚子，它们多少还会坚持一段时间，而且时间还不短。一只距螽的肚子中招之后，十五小时后，它还能在光滑的瓶壁上攀爬。但是最后，它还是死了。

膜翅目昆虫体质比较纤弱，用不了半小时，它们就会死亡。相对而言，反刍类直翅目昆虫比较强壮，通常可以坚持一天。它们的身体机能不同，所以体质也不同。

回到实验本身，这两组实验证明：不管如何健壮的昆虫，一旦被狼蛛咬到颈部，马上就会死亡；但是如果被咬中的是其他部位，虽然结果也是死亡，但是昆虫多少可以坚持一段时间，至于长或者短，就看它的体质了。

至于为什么狼蛛面对我放在洞口的美味会犹豫那么久，我现在就来解释一下。没有实验者喜欢这样的犹豫。但是，强壮的紫木蜂让狼蛛认为谨慎处理比较好。只有咬到颈部才会一击致死，所以必须咬到对手的颈部才行。可是假如一击不中，反而会激怒敌人，陷自己于危险之地。狼蛛很清楚这一点。因此，狼蛛就躲在门口认真观察，伺机出击。假如有危险，它就会马上返回。等到和肥大的膜翅目昆虫正面对抗时，狼蛛就会轻易地袭击到敌人的颈部。一旦有机会，它绝对不轻言放弃。否则，它就会返回到洞穴。狼蛛如此谨慎，难怪我耗费了四个小时才观察到三次屠杀。

我曾经在膜翅目昆虫麻醉师的启发下，打算自己做一回麻醉师。象鼻虫、吉丁、金龟子等昆虫有着集中的神经系统，适宜进行麻醉实验。作为学生，我严格遵照膜翅目昆虫老师的教诲，用氨水迅速将一只吉丁和一只象鼻虫麻醉了。我做的和节腹泥蜂一样好。不过这都是之前的事情了。

如今，我可以模仿狼蛛了！我用小钢针在紫木蜂或是蝈蝈儿的脑袋根部注入一滴氨水。这些虫子简单抽搐几下，就死掉了。脑神经被刺激性液体侵害，无法正常工作，导致了虫子的死亡。不过，这些虫子的死亡不是迅速地猝死,临死前,它们还会长时间地抽搐。可见,与狼蛛的速杀相比,化学实验在昆虫致死速度上,还有待改进!为什么会出现这样的情况呢?是因为实验用的是液体,氨水的毒性根本没有办法与狼蛛的毒液相媲美。这再一次证明,狼蛛毒液的毒性相当厉害。

黑腹狼蛛的毒不仅对昆虫有害,对其他动物也是致命的。我又用其他动物做了实验,例如麻雀、鼹鼠等,都被它毒死了。至于它还能毒死什么动物?我就不得而知了,也没有继续研究。根据之前的实验,黑腹狼蛛的蜇伤对人类也是相当致命的。这就是我对医学提出的意见。

对于昆虫的研究,我还有些要说的话。我要告诉后续的研究者,自然界的"杀手们"拥有的必杀技完全可以媲美"麻醉师"。很多蜘蛛都和狼蛛一样拥有这样的必杀技巧,特别是那些不以蛛网捕猎的蜘蛛更是如此。"杀手们"以捕猎为生,它们准确地蜇中昆虫脑神经,导致它们猝死。但是"麻醉师们"只会刺中昆虫其他部位,让它们麻醉,一动不动。它们这样做是为给后代保存更新鲜的食物。如果猎物立毙,"杀手们"才能保证自身的安全,它们会毫不犹豫地直刺猎物颈部;而"麻醉师们"则只是麻醉猎物,所以它会避开颈部,刺其他部位,至于是刺一节,还是三节,或是其他,则要根据猎物的身体结构而定。

麻醉师们一般都很清楚生物脑神经节的重要性。因此毛刺砂泥蜂会咬毛毛虫的脑袋,朗格多克飞蝗泥蜂也会咬距螽的脑袋,但它们不过是在对方的脑袋上小心地按一下，它们会谨慎地保证螯针不刺入对方的生命中枢。所有的麻醉师都会很小心，否则它们只能得到一具尸体，要知道它们的幼虫可不喜欢尸体。但是蜘蛛不一样，它的两把匕首直插进猎物的头部。因为插到别处，对手只会受伤，反而会招来灾祸。

这些熟练的杀手和麻醉师，它们的技能并不是与生俱来的，而是在后天的日常生活中习得的。至于这种习性是它们怎么习得的，我不得而知了。

昆虫小档案

千奇百怪的狼蛛

经过长期研究，科学家发现狼蛛的行为特点并不像原先人们认为的那样原始和简单，而是非常复杂多样。

有科学家曾在东非发现过一种狼蛛会跳非常复杂的舞蹈，这种舞蹈是求婚舞。跳舞时，雄蛛先扭动自己的腿并朝地下跺脚，之后雌蛛也会跟着扭动起来，舞蹈常常持续三至十分钟，直到最后交配为止。

另外，科学家们还发现狼蛛具有超凡的辨识能力。有科学家曾在巴西热带雨林中做过试验。他们将当地的一种狼蛛从洞中捉出来，将其放到几十米远的一个地方，这只狼蛛竟沿着一条最短的路径回到了自己的巢穴。科学家们猜测这种狼蛛或许生有一种不同寻常的气味辨识器官，能在几十米外闻到自己洞穴中的特有气味。

更神奇的是，有饲养狼蛛的人指出，他们的狼蛛能对鱼缸里不同颜色的砂石进行分类，把颜色相近的砂石排列在一起。

勤劳的迷宫蛛

圆网蛛是最常见的蜘蛛之一，它们到处布网，捕食昆虫。不过倘若我们认为只有圆网蛛才是蜘蛛中无与伦比的纺织能手，就过于武断了。织网筑巢这种本领，很多蜘蛛都有，因为它们必须遵循"适者生存"的基本法则：猎食果腹以及传宗接代。这些蜘蛛中有些大名鼎鼎，家喻户晓，我们在很多书籍里也都能觅到它们的踪影。

对于部分蛞蛛和纳博讷狼蛛来说，二者同样居住在洞穴里，生活方式同样不甚雅观。但相较之下，蛞蛛的洞穴要讲究得多，至少不像粗野鄙陋的狼蛛一样生活在荒郊野外。大大咧咧的狼蛛做事颇为粗糙，把砾石、柴梗和蛛丝草草地堆建在井口上就算完事了，它的全部家当就只有一个简陋的栅栏网。

而心思细密的蛞蛛则会别出心裁地在那儿搭建一个类似百叶窗的小圆盖。这个盖子可以自由活动，蛞蛛进屋后，小圆盖会垂直卡在槽口中，可谓完美无缺。万一碰上些个蛮横固执、要破门而入的侵犯者，蛞蛛就会紧靠墙壁，果断插上插销，小爪子嗖的一下插进

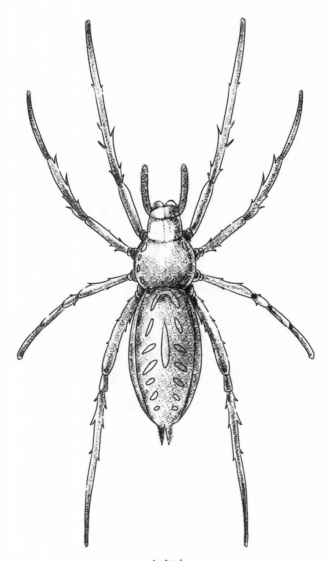

迷宫蛛

铰链对面的小孔中，任你怎么冲撞，门也一动不动。如此齐备的铰链、槽口和插销系统真是非常先进，令人赞叹。

还有一种名叫银蛛的蜘蛛，同样赫赫有名，它有一项十分独特的绝活——用蛛丝在水中搭建精妙绝伦的潜水罩。有了这个既能储藏空气又有助于呼吸的秘密武器，银蛛大可以优哉游哉地跑到阴凉处歇息了，只等猎物自个儿送上门来。炎炎烈日下，拥有一个清凉爽快的享乐地实在是奢侈无比。

看到这儿，我们很容易联想到迪拜水下用大理石和石块建筑而成的宫殿，不过，那些令人厌恶的天花板又哪比得上银蛛所修筑的屋顶呢？

这位聪明绝顶的建筑好手在建房子上颇有一番能耐，但遗憾的是，我居住的地方没有银蛛，因此我无从观察它们的活动，手上也没有太多关于它们的资料。而通晓铰链门技艺的蟷蛛，我倒碰巧在矮树林沿线的小道边见过，但也只此一次，且数量很少。机会总是稍纵即逝，不经意就从指缝间溜走了。作为一名有经验的观察家，我本应该珍惜机会的来之不易，但这一次我却彻底错过了，此后我再也没有见到过它们。

事情已然如此，患得患失倒不如退而求其次，于是我开始密切跟踪一些比较常见且易于追寻的蜘蛛品种。这些替补成员虽然很常见，但只要给予足够的重视，用心观察，就一定能有所发现。因为，再卑微的生命也会有惊人的力量，再微小的虫子也能给生命谱写一首华美的赞曲。

纳博讷狼蛛

盛夏时节，太阳像个大火炉一样挂在空中。此时的我却顾不上疲惫沉重的脚步，注意力高度集中，一遍遍搜寻着周边的田野。

几天下来，我见到最多的就是迷宫蛛了。它们要么藏在树篱下的草丛中，要么待在寂静而向阳的角落里。而一到地势起伏不平的旷野里，迷宫蛛们就会纷纷扎堆到荆棘丛中，熏衣草、不凋花、岩蔷薇以及那些因被羊群啃过而变短的迷迭香等都是它们的好去处。旷野中的荆棘丛彼此隔得很远，但每一片都郁郁葱葱，长势喜人。除了那些稍显冷酷的树篱外，这里非常有利于我开展情报工作。

每天清晨，雾气尚未消散，我就带着孩子们一同奔赴现场，追寻迷宫蛛的踪迹。旅途并不轻松，加之天气炎热，所以每次出行我们都会带上一些橙子解渴。孩子们从小就眼神犀利，目光敏锐。有了他们的帮助，整个搜寻过程变得轻快不少。

时间过去没多久，一张高高挂起的蜘蛛网映入了我们的眼帘。远远望去，蛛丝上，一颗颗晶莹剔透的露珠凝结着，毫无瑕疵，如梦如幻。可爱的孩子们全然忘却了手中拿着的橙子，都睁大双眼流连于这绚丽多姿的丝网。我也被深深地折服了。

清晨的雾霭中，乌鸫鸟欢鸣歌唱，一颗颗圆润小巧的露珠在迷宫一般的丝网上随着晨风轻柔地舞动，迎着初升的朝阳，一闪一闪，动人无比。看着这些美妙的精灵，我忽然发觉，早起是多么的值得。

很快，半个小时过去了，露珠随着阳光缓缓蒸发，我们也该集中注意力好好研究研究这非同寻常的蛛网了。这张蛛网大概有手帕大小，每个夹角都缠绕着密密麻麻的蛛丝，为的就是把它稳稳当当地挂在这一大蓬岩蔷薇上。蜘蛛几乎利用了身边所有可用之物，那些荆棘丛里突出来的细枝条全部充当了蛛丝的固定点。所有的荆棘枝上，蛛丝盘互交错、纵横交织，导致整个荆棘丛都蒙上了一层薄薄的白纱。

蛛网是否平整，取决于那些不规则支点所创造的条件是否充分。从外层逐渐往里，蛛网会愈加凹陷，到中心则形成了一个圆锥形的深坑口，如漏斗一般慢慢变窄，最后笔直地插入苍翠欲滴的绿色植物里。蛛网上火山口一样的圆洼点带着一种危险的信号，仿佛老谋深算的猎人在等待猎物的到来。

而这个猎人就是蜘蛛。它周身呈灰色，两条装饰性的带子挂在胸前，腹部白棕色的斑点夹杂其间，除了上面缀着的两条横杠，它的腹部末梢还带有两个小小的附属器官。最为神奇的是，这两个不起眼的器官竟然还能自由活动，这算得上是蜘蛛的独特之处了。好奇的我们在如此细致地观察它，可它却丝毫不理会外面的动静，只是躲在幽深阴暗的管口位置怔怔地看着，冷静而淡定。

眼前这张精心编织的蛛网，融合了多种制作技巧。火山口形状的边缘部分使用的是稀疏的蛛丝围成的网纱布，越往里网纱越细密轻柔，最深处远看上去就像一块质地密集、柔滑的绸缎。而漏斗的颈部，也就是蜘蛛常待的地方，则更加细密、结实。站在高处，遥遥望去，手帕大小的蛛网似乎还带有几分菱形的格子状构造。

为了编织一张上好的网，蜘蛛每日加班加点，废寝忘食。这儿不仅是它的家，也是它的观察口和瞭望台。所以，每到晚上，它都会像一个威风凛凛的大将军一样亲临领地，来回巡查，一边审视着自己设置的陷阱，看看是否还有缺陷；一边随手加点儿新的蛛丝，扩张自己的领地。

吐丝器绝对是蜘蛛不可或缺的器官，在编织蛛网工作上可谓立下了汗马功劳。只要蜘蛛稍稍移动，吐丝器就会随之连绵不断地把蛛丝拉扯出来，随叫随到。就这样，它边走边织，最后退到了漏斗的颈部，也就是蜘蛛最常光顾的地方，正是在这儿它完成了整张网的编织工作。

除了颈部，火山口的斜坡也是蜘蛛常来之处。在尾部附属器官的帮助下，蜘蛛会在辐射均匀的蛛丝上打出一个个菱形的网格。不知疲倦的它总是在漆黑的夜里出来巡查，于是这一块斜坡就变得越来越厚。而相对的，地毯较为轻薄的地方则是它较少涉足之处。

从常理推断，蜘蛛为了安身，应该会在插入荆棘丛的管道末端设置一个密室，但事实并非如此。在长漏斗的底部，有一扇暗门，一直处于打开的状态。蜘蛛之所以这么做，基本是出于安全考虑。有了这道门，它才能在受到威胁的时候，迅速穿过荆棘丛，安全逃脱。

要想抓住这个灵活的家伙又不伤害它，得费一番脑筋，首先需要完全熟悉它住所的内部构造。蜘蛛一旦感觉到危险，就会逃跑，并借助漏斗底部的暗门逃个无影无踪，到这时候再想从荆棘丛中找到它几乎不太可能。况且，一顿瞎忙活还有可能对它造成伤害。可是不用暴力又奈何不了它，怎么办才好呢？看来现在唯一的办法就是多动动脑子了。

静等机会来临。一个蜘蛛在管口附近出现了，眼看它的漏斗被包裹在荆棘丛中，我一把抓住荆棘丛的底端，断了它的后路。穷途末路之际，它只有乖乖听话，一股脑就钻进了我事先准备好的锥形纸袋里，现在，它想跑也跑不掉了。通过这种方法，我成功地捉到了很多迷宫蛛，并将它们关进了我的钟形罩里。

实际上，那个火山口形状的蛛网称不上真正的陷阱。除非某个冒冒失失的家伙不小心闯进了这里，否则没人会碰巧踩到这里。圆网蛛的地洞固然凶险，迷宫蛛在荆棘丛中搭建的迷宫也不赖，捕获能力丝毫不亚于黏网，可以有效地抓住跳跃或者飞行的猎物。

现在，我们好好观察一下蛛网吧！密密麻麻的蛛网上，蛛丝纵横交织，那些胡乱纠缠在一起的蛛丝有力地证明了迷宫蛛的能耐。在这个难以捉摸的迷宫里，蛛丝沿着支撑的树枝，彼此相连直到枝条的顶部，长长短短，或曲或直，或紧或松，宛如船只上一根根因暴风雨袭击而不受控制的绳索，盘根交错，毫无头绪。它一般能达到两个手臂的高度，不过这对于弹跳能力极强的迷宫蛛而言，只是小菜一碟。

与圆网蛛不同，迷宫蛛的蛛丝没有任何黏性，捕猎觅食全靠那纵横交错的蛛丝。如果你怀疑它的能力，尽可以扔只蝗虫试一试。

被丢到网上的蝗虫一下子就失去了平衡，在上面晃来晃去，费力挣扎着。然而，越蹦跶，身体反倒被缠得越紧。站在洞口的迷宫蛛则冷漠地看着眼前发生的一切，不管也不顾，任由这只陷入困境的蝗虫绝望挣扎。它不需要马上冲出去进行捕杀，因为它早就料到了猎物迟早会掉到蛛网上，成为自己的盘中餐。

等到蝗虫终于掉下来了，这时候，迷宫蛛就会一跃而起，直扑上去。虽然此时蝗虫暂时处于劣势，被蛛丝困得有点无奈且情绪低落，但它并没有完全丧失战斗力，阻碍它的也只不过是几根临近挣断的蛛丝而已。所以，迷宫蛛的进攻还是伴有极大的危险性，一不小心就可能遭到对手的反扑。不过，它向来胆略过人，这点危险当然也没放在眼里。它的进攻方式与圆网蛛有着极大区别。圆网蛛一般通过使用蛛丝把猎物层层捆绑，直至其瘫痪。而迷宫蛛就没那么多耐心了，一旦确定猎物的质地不错，就会伸出獠牙毫不留情地扎进猎物的身体。

迷宫蛛最爱猎物的大腿，因为这里的肉味道最为鲜美。有一段时间，我对它们的喜好很感兴趣，于是一连观察了好几只迷宫蛛，看它们是怎么挑食的。结果大感意外，在它吃过的昆虫里，基本每一只都没了后腿。而这些悄然失踪的后腿居然都被它挂到了蛛网边的钩子上，里面的肉则早已被吸食一空。

被扔进蛛网的蝗虫怎么都猜不到自己的结局。那些精心织网等候猎物上门的蜘蛛一个个饥肠辘辘，一旦将獠牙插进蝗虫体内，就会死死咬住。它们一般会先向猎物的大腿根部下口，等吸取完里面的营养，再松口转战另一条腿。到最后，猎物被吸食得只剩下一具躯壳。

一开始，我们都以为圆网蛛和迷宫蛛一样，只吸血，不吃肉。后来我们才发现，二者在处理猎物的方式上原来各有特点。在吸完血以后，圆网蛛嫌消化过程过于安逸，于是会再次跑到干尸旁咀嚼一番，把那团肉泥当作餐后的小点心享用。

而迷宫蛛对这种餐桌上的小打小闹不感兴趣，吸完血后直接就把猎物的干尸给扔出去了。它的毒液相当厉害，只要对蝗虫咬上一口，就可以瞬间将其杀死，所以它可以非常安心地享用午餐。

蜘蛛精心织就的网，像是一件件精美的艺术品，令人叹服。比如圆网蛛，织出的网总是呈现规则的几何状，水平相当之高。相比之下，迷宫蛛的网就没那么独特新奇了。

远远看去，迷宫蛛的那些密密麻麻的蛛网像极了胡乱搭建的脚手架，无任何规律形状可言。不过，即便如此，我们还是不能否认建造者自己的审美观，那些漂亮的火山口就足以证明。当然，蜘蛛妈妈还有一件更为高超的作品，那就是卵巢。

一到产卵孵化季节，迷宫蛛就会搬到别处，遗弃原来那个辛苦织就的蛛网。为了重新建造一处有利于后代成长的房子，迷宫蛛首先要做好选址工作。这个精心挑选的地方会是哪儿呢？我四处找寻，在挂有蛛网的矮树林里来回转悠，可是连着几个星期过去了，每次都无功而返。

就这么放弃吗？我没有。一天，当我无比失落准备再次空手而归的时候，无意中看到了一张蛛网，网上空空荡荡，但保存得相当完好，显然，它是刚刚才被抛弃的。我觉得应该换一种思路寻找了，放弃那片挂着蛛网的荆棘丛，改去这张蛛网的周边搜索，兴许能有所发现。

果不其然，在那些长势茂盛但较为低矮的植物丛里，我一下子就找到了许多蜘蛛的新窝。然而，还来不及大肆庆祝，我就遗憾地发现，这些窝与我想象中的差别太大，远没有展现出雌蜘蛛的才华。毛糙枯败的树叶和杂乱排列的蛛丝胡乱搅拌在一起，这个简单拼凑而成的窝显得颇为寒碜。但细细一看，一个精致的用来安置卵的细布袋子竟悄然藏身于外壳下，而且很难毫无损伤就将其取出来。看来，我不能仅凭这些破烂的布条就简单粗暴地评判一位艺术家的才华。

在建筑巢穴方面，昆虫们有着自己的一套规则，遵循着美学最朴实的核心。然而，即使有着公认的基本原则，建筑者们还是无法规避某些环境影响，例如空间大小、场地的规整度以及材质的数量和质量等。很多无法预见的因素都能轻而易举地打乱它们原本的规划，继而影响建筑结构。于是，预想中的规律形状只能屈服于现实，走向混乱。

不同的动物会选择不同的建筑类型，探究一下它们的创意绝对会非常有趣。彩带圆网蛛把自己的卵袋设计成一个小巧精致的球体，要么挂在半空中，要么建在能让它自由活动的细枝条上。圆网蛛也不甘落后，它的星状辐射的卵袋总会让人过目不忘。

但同样是纺织能手的迷宫蛛就让人大跌眼镜了。在它建造的简陋袋子上，我完全看不到半点儿审美规律，这就是它所有的才华了吗？

我相信，它还不至于江郎才尽，只要条件成熟，它一定会让我们刮目相看。茂密的矮树林或者枯叶堆都过于拥挤，蜘蛛在此很难大展拳脚。要想发挥出它应有的水平，一定要选一处宽敞的地方，这样我们才能一睹精美的卵窝风采，见证它的建筑才华。

临近八月中旬，又到了蜘蛛产卵的时节了。我拿来一个铺满沙土的瓦罐，上面用钟形金属罩罩着。另外，为了协助建筑师们搭建卵窝，我找来一根百里香枝条插在罩子中间充当支点。

为了防止卵窝被压得变形，我没有在里面放置任何树叶。除了这些沙土和枝条，罩子里再无其他东西。一切准备就绪，这就是六只迷宫蛛的新家了。

每天，我都会抓蝗虫给它们吃。对于它们的喜好我再清楚不过了，那些肉质鲜美的蝗虫自然受到了它们的热烈欢迎。

一切都按计划进行着。我的付出很快也有了回报。到当月底，罩子里面就出现了六个形状完备、颜色雪白的卵巢。在宽敞的空间里，我赋予了它们恣意妄为的权利，这些身怀绝技的纺织姑娘终于可以不受束缚，充分发挥灵感织造绝美无瑕的作品了。

这些精心织就的卵窝呈椭圆形，大小和鸡蛋差不多。半透明的小房间中，两头门都开着，前端连着一条宽阔的长廊，用来输送食物，后面则像漏斗颈一样逐渐变为细长。蜘蛛妈妈为了保护自己的一窝卵，要在这个精致的家中居住很长一段时间。它们经常从房子里窥探外面的情况，觉得安全了，就会自己跑到外面来吃我扔进来的蝗虫。它们非常爱干净，或者说有洁癖，容不得自己整洁明净的房间沾上一点点脏东西。

迷宫蛛新建的卵巢，在结构上类似于它捕猎时期的房子。漏斗颈形状的后厅一直往后延伸，直到高出地面一点点。这个形状奇怪的后厅就是它们的逃生出口。相对的，前厅有一个大口子，纵横交错的丝带悬挂其上，半遮半掩，导致这个口子很难被发现。每一个路过的猎物，都会毫不留情地被门口的蛛丝缠住，这点倒挺像它捕猎时用的陷阱。由此看来，无论走到哪里，迷宫蛛都坚持使用自己原本的建筑模式。对于创新，它显然没有也不愿有任何想法。

这个丝织的宫殿非常迷人，但论到功用，它也只是蜘蛛妈妈为保护子女建立的哨所而已。透过轻柔、云雾缭绕的乳白色丝墙，我们可以隐约看见一个放卵的小盒子，上面呈星状分布着一些模糊图案。暗白色的宽大袋子与周围的物体处于隔离状态，只有辐射状的立柱与之连接，将其固定在帷幔中央，一眼望去极为漂亮。这些立柱有十几根之多，圆锥形的柱头和相同形状的底基分布于上下两端，彼此相对，进而勾勒出美丽的弧形走廊，迂回萦绕。蜘蛛妈妈就在这内院的拱廊里来回踱步，走走停停，仔细地聆听着外面的动静。它庄重的样子无论谁看到都不忍心打扰它！

这个卵巢显得越神秘，我就越发想弄清楚它的内部结构。突然，我想起了从野外捡回来的破损蜘蛛窝。在小心刨去了卵袋的立柱后，蜘蛛窝就只剩下一个倒立的圆锥。卵袋非常坚韧，想徒手撕开不是件容易的事儿。我找来镊子，费了好大一番功夫才把它打开，原来里面存着一百多颗卵，都静静地躺在一团细腻柔软的丝絮上。

这些淡黄琥珀色的卵个头还挺大，直径将近一毫米，彼此间隔开来。我手碰到它们，它们就滚动了起来。于是，我把这些卵装进了试管，以便日后观察。

做完这些以后，我开始仔细回顾这段时间以来观察到的情况：一到产卵孵化的季节，蜘蛛母亲就会遗弃原来那个迷宫般的住所，迁往别处重新建造卵巢，并在那儿抚育后代。它为什么要这么做呢？

原来的住所有着近乎完美的陷阱，非常有利于雌蜘蛛捕猎觅食，这样不但可以保证接下来的食物供应，还能兼顾照看卵窝，何乐而不为？但迷宫蛛却反其道而行之，我猜测，它一定还有别的顾虑。

丝网悬挂的位置很高，颜色纯白，即使站在远处，也一眼就能看到。它们通常藏身于昆虫落脚之处，在太阳下灵动闪耀的亮光总能吸引一群好奇的苍蝇和蝴蝶。这种吸引力就跟对飞蛾极具吸引力的灯光和捕鸟人使用的镜子一样，如果哪个家伙胆敢过去一探究竟，那么留给它的将是无尽的后悔。"好奇害死猫"这句话放之四海而皆准。

暴露在绿色灌木上的蛛网泛着诱人的光芒，别有用心的家伙们肯定会常光顾这里，急不可耐地爬上蛛网，搜寻蜘蛛珍贵的卵袋。一旦有虫子入侵，这个住所就会变得岌岌可危。这也许是蜘蛛最大的顾虑。

　　有时候过于自信会付出惨痛的代价。骄傲的彩带圆网蛛扬扬得意于自己的作品，不加任何隐蔽，就将珍贵的卵窝挂在了暴露的荆棘丛中。未曾想，这些蜘蛛窝正是姬蜂的最爱。姬蜂的幼虫就是以吃蜘蛛卵为生的。在彩带圆网蛛的卵袋里，我就发现了一只带着刺针的姬蜂的幼虫。此时，蜘蛛的后代已经被消灭殆尽，正中央的卵桶里除了一堆被吸干的空卵壳，再无他物。

　　凡事小心翼翼的迷宫蛛，尤其擅长寻找隐蔽的地方。为了确保安全，它很聪明地在原来显眼的住所旁选择新址，正所谓越危险的地方越安全。等到快要产卵的时候，它就会在朦胧的夜色下偷偷潜出查看地形，一找到安全系数较高的栖身之所，就立马搬家。枯叶坠落的矮灌木丛是比较理想的地方，即使到了寒冷的冬天这里都遍布茂盛的绿叶。

　　此外，蜘蛛妈妈还可以在贫瘠的岩石堆上寻找到茂盛的迷迭香，有了这些，它就不用再烦恼营养的问题了。迷宫蛛的卵窝藏得如此隐秘，以至于我每次都要花费很长一段时间才能发现它们。

　　保护后代是母亲们的天职。它们清楚地知道，在这个贪婪的世界上，找寻鲜嫩肉食的吃客无所不在，必须严加防备，才能逃脱敌人的魔掌，确保后代安全。为此，每一个爱子心切的母亲都开发出了一套独特的方法。

在这方面，迷宫蛛比其他蜘蛛更具献身精神。一般而言，蜘蛛们把卵产在预先找好的地方后，就会将它们遗弃，听之任之。舐犊情深的迷宫蛛则不同，它们心中有太多牵挂，除非守护到卵孵化，否则它们一步也不舍得离开。

母爱强烈的蟹蛛也是如此。产完卵后，它会在卵袋上方悬挂一片小叶子，用蛛丝搭牢，充当一个简便的瞭望台。接下来的很长一段时间，它就在此默默驻守。排空卵巢后的蟹蛛无法进食，营养不良导致身形消瘦，憔悴不已。但即使干瘪得只剩下一层皮，它也依然不吃不喝，不眠不休，顽强地对抗那些心怀不轨的侵入者，用生命守护着它的卵巢。孩子们平安出生是它毕生的心愿。

相比之下，迷宫蛛就幸运多了。拥有得天独厚的优势的迷宫蛛，在产卵后风姿依旧，圆滚滚的肚子非常显眼地衬托着它的富态模样。而这完全得益于它的那副好胃口，总能精力充沛地吸食蝗虫的精髓，保证每日所需的营养。正因为如此，它需要在卵巢边另外新建一个狩猎场所，这个住所和金属罩子下的窝一样，同样严格遵循着美学的基本原则。

还记得那个做工精致、小巧优美的卵窝吗？宽敞的门厅往两端延伸着，在前门厅的大口子上，一张紧绷的蛛丝网悬挂其上，散发着危险的信息。隐约可见的半透明墙里，蜘蛛们在夜以继日地忙碌着。卵巢中央的几十根柱子，支撑着卵袋，两两相对，勾勒出一条条迷人的弧形回廊，而这些弯曲回旋的长廊，可以将它们带到卵窝的任何角落。

不知疲倦的蜘蛛妈妈们就在此日夜巡视，仔细聆听着绸缎里幼虫的动静。那专注的样子让我不忍心再用麦秸秆摇晃它的窝了，生怕它过于紧张，跑里跑外地忙活。蜘蛛们如此警惕，那些姬蜂和其他爱吃蜘蛛卵的昆虫怕是不敢再惹事端了。

除了一心一意地守护子女，迷宫蛛也不会亏待自己。每当我往钟形罩里投入蝗虫，它们就会迅速赶来饱餐一顿。对它们而言，最美味的莫过于蝗虫的大腿，一旦那些可怜的蝗虫被前厅的蛛丝给缠住了，迷宫蛛就会猛地扑过来，一下咬住，吸食完大腿后，再挖空它们的内脏。胃口大好的妈妈们也会顾及卵巢的安全和洁净，所以它们通常不会把猎物尸体拖入屋内，而是选择在哨所外的门槛上就地解决。

同样是蜘蛛，蟹蛛对于白白送来的蜜蜂往往不闻不问，漠然视之，好像它们的唯一使命就是守护卵袋。而迷宫蛛却完全离不开食物，且食量之大令人震惊。为了满足它们的胃口，我不得不保证蝗虫的新鲜，把这些用来填饱它们肚子的正餐每日按时按点地送过去。

可是，迷宫蛛妈妈非得吃这么多吗？我猜想，或许因为它们耗费了太多精力吧！从开工起，迷宫蛛就在马不停蹄地建造两套庞大的住所，工程量之大几乎花光了它所有的储备。

不过，漫漫征途才刚刚开始，接下来的一个月，它还在层层加厚卵窝和卵袋的墙壁。一天天过去了，半透明的罗纱越来越厚，逐渐变得不再透明，可蜘蛛妈妈似乎仍不满足，还在不停地劳作着。而原本就不充裕的丝巢现在更是捉襟见肘，为了让造丝厂的机器一直开动，弥补消耗，它不得不连续进食。

一个月后，小蜘蛛开始孵化，但是它们还是没有离开卵袋。蜘蛛妈妈变得愈来愈虚弱，身体一日不如一日。它们不停吐出蛛丝编织柔软的被子，以帮助小蜘蛛度过冰冷的寒冬。这种关键时刻，面对送上门来的蝗虫，它们热情不再，继续埋头吐丝加厚卵窝，即便偶尔进食，中间也要间隔好长一段时间，以至于最后发展到了绝食的地步。没有了食物的补给和支撑，它们的身子日渐虚弱，纺织工作也无法继续进行，只得暂停。

在之后的四五个星期里，形容枯槁的蜘蛛妈妈每天迈着沉重的步子，缓缓巡视着，然后心满意足地倚靠着卵袋，感受新生儿的每一次呼吸。

十月末的一天下午，蜘蛛妈妈以守护者的姿态，悄无声息地死去了。它完美地践行了自己的使命，而离开了妈妈的小蜘蛛从此要独自面对未知的未来。

春天的气息在萌动，也呼唤着小蜘蛛钻出柔软的卵袋，迎接全新的生活。轻盈的蛛丝在阳光下随风摇曳，伴着轻快的鸟鸣声，茂密的百里香上冒出了一座座如梦如幻的精巧迷宫。

现在，我必须要回到野外寻找新的蜘蛛窝，那些钟形罩里的规整卵窝和纯正蛛丝都不足以帮助我了解所有的情况。我和年轻的助手一道，开始了新的搜寻。我们沿着乱石和树木混杂的斜坡下的小道，边走边搜寻菱蒿的迷迭香丛。终于，两个小时后，我们找到了好几个蜘蛛窝，尽管它们已经面目全非。

恶劣的天气把这些可怜的小房子折磨得够呛。不细看的话，我绝对不会把这些破破烂烂的作品和钟形罩子里的精美建筑相提并论。你瞧，干瘪瘪的卵袋随意地夹在沙土堆里边，胡乱缠绕着几根树枝，像被雨水刚刚冲刷过一样。

在蛛丝的拉拢下，几片树叶耷拉着，最大的一片用作屋顶，其他的则懒懒散散地围住中间的卵袋。它看起来相当奇怪，通过两端门厅突出来的丝头才依稀可见其最初的模样。我尝试着把叶子从卵袋上剥离，并不容易，看来这确实是我要找的卵袋。

我细细打量着这团已经塌得没了形状的东西。大房间是蜘蛛妈妈的卧室，刚被我不小心撕破，树叶做的屋顶也没了；哨所的回廊里，放着用布料做成的卵房和若干根立柱；卵袋里的小房间，幸亏有树叶的保护，才免去了被泥土玷污的风险。

打开蛛丝编织的卵房，我惊讶地发现卵袋里竟然有一个小小的泥团，从质地来看，特别像是被层层纱布过滤并积累下来的。但卵袋干净整洁的墙壁立马否决了我的猜测。这应该是蜘蛛妈妈的劳动成果，它小心翼翼地把沙砾和丝质水泥搅在一起，现在用手碰上去还感觉硬硬的。

我继续往下剥，这时在壳的最里边出现了一层丝绦，它宛如一层保护膜紧紧包裹着小蜘蛛们。我刚一撕破，就把这些小家伙们吓得不轻。寒冷的冬天里，为了生存，它们练就了迅速逃跑的本领。

　　坚硬的泥墙和柔韧的蛛丝，这对奇妙的组合瞬间解除了我的疑虑。考虑周到的迷宫蛛在野外筑巢的时候，无时无刻不在想着如何建造最有效的防护系统。显然，在它的观念里，两层蛛丝之间注入沙砾就可以建成一堵坚不可摧的泥墙。这种一劳永逸的方法，用来对付姬蜂的刺针和其他侵略者的尖牙简直是易如反掌。

　　类似的防护办法蜘蛛家族屡试不爽，最常见的就是家蛛制作的混凝土外壳了。为了防范敌人的入侵，头脑灵光的家蛛会把卵装进一个小圆球里，并通过裹上一层蛛丝和墙壁灰粉混合而成的凝土增加外壳的坚硬度。在野外石头下生活的蜘蛛也采用了类似的方法，只不过把墙壁灰粉换成了野外更方便弄到的矿物质。

　　既然所有的蜘蛛都有防范心理，那为何我的钟形罩子里却没有类似的保护层呢？当然，在野外我也会偶尔发现一些卵窝并没有矿物质层保护，但它们几乎都建在了远离地面的荆棘丛里。同时，放在地上的卵窝外层一般都有沙土层覆盖。我觉得很疑惑，瓦罐里从来不缺制作外壳的原料，可这些蜘蛛妈妈为何对这些沙土无动于衷？

　　难道是建筑工作的环境造成了这种差别？通常而言，泥瓦匠必须同时搅拌石子和灰粉，才能制成混凝土。同样的，迷宫蛛也需要在最短时间内把丝质水泥和细小的沙粒搅拌在一起：一边不停地用吐丝器向外吐出蛛丝，另一边还要用爪子就近刨来坚硬的材料，再将其混入黏稠的蛛丝里。而一旦现实条件满足不了迷宫蛛的要求，比如石子等原材料无法随时弄到，那么这道工序就只能戛然而止。它们会理智放弃，转而继续原来的筑窝工作。

这样推断就合情合理了，因为我的钟形罩子确实不符合这样的条件。沙土离蜘蛛们过于遥远，要想取得沙砾，它们必须离开网罩，步行至少一虎口的距离。对于精明的迷宫蛛而言，这实在太不现实了，不仅爬上爬下非常麻烦，而且还会给吐丝造成很大困难。我曾经在观察迷迭香丛中的卵窝时也发现了这个现象，这个卵窝离地面有一定距离，因而嫌麻烦的迷宫蛛始终拒绝爬上爬下。

所有这些现象，是否就足以说明动物的本能在与时俱进地发生着变化呢？我有两种猜想：其一，随着时间的流逝，它们逐渐淡忘了老祖宗传承下来的防御技能；其二，适者生存的法则促使其不断提高自己的防御能力。

究竟是倒退还是进化，我们不得而知。迷宫蛛只是用行动陈述了这样一个事实：外部环境塑造着一切，为了生存，它们可以随心所欲地运用或者隐藏自己的本能，至于如何使用则视具体情况而定。

沙土就是这样一个至关重要的外部因素。放在近处，迷宫蛛自会尽职尽责地制造出混凝土来；放在远处或者它看不见的地方，那就休想指望它爬上爬下砌砖筑石。观察了这么多，我得出了一个结论：不要试图改变迷宫蛛的建筑技巧，想让它创新简直是异想天开，哪怕你只要求它作出最微小的改变。

昆虫小档案

蜘蛛生活探秘

蜘蛛的生活方式可分为两大类：游猎型和定居型。游猎型蜘蛛，到处游猎、捕食、居无定所、完全不结网、不挖洞、不造巢，例如鳞毛蛛科、拟熊蛛科和大多数的狼蛛科等。定居型蜘蛛一般都会结网、挖穴、筑巢，作为固定住所。蜘蛛但凡是独立生活者，个体之间都会保持一定距离，互不侵犯。

与一般昆虫相比，蜘蛛是长寿命者，大多数蜘蛛的寿命在八个月至两年左右。另外，雄性蜘蛛较雌性蜘蛛短命，交尾后不久即死亡。其他如水蛛和狡蛛能活十八个月，穴居狼蛛能活两年，巨蟹蛛能活两年以上，还有捕鸟蛛的寿命最长可达三十年。

几乎所有蜘蛛的生活都离不开丝。蛛丝由丝腺细胞分泌，在腺腔中为黏稠状液体，经纺管导出后，遇到空气时很快凝结成丝状，强韧而富有弹性。